U0179478

编委会

主　编：何英静

副主编：王　蕾　沈志恒

编　委：（按姓氏笔画排序）

王晓菲　王曦冉　朱　超　朱克平　邬樵风　庄峥宇　刘曌煜

孙飞飞　孙黎滢　李　帆　杨　恺　但扬清　邹　波　沈舒仪

张利军　范明霞　周　林　胡哲晟　俞楚天　袁　翔　顾晨临

钱佳佳　黄晶晶　梁　婧　蒋才明　戴　攀

Lean Planning of Modern Electricity Grid
Theory and Practice

现代电网精益化规划理论与实践教程（下册）

主　编 / 何英静
副主编 / 王　蕾　沈志恒

ZHEJIANG UNIVERSITY PRESS
浙江大学出版社
·杭州·

图书在版编目(CIP)数据

现代电网精益化规划理论与实践教程. 下册 / 何英静主编. — 杭州 : 浙江大学出版社，2023.4
ISBN 978-7-308-22371-3

Ⅰ. ①现… Ⅱ. ①何… Ⅲ. ①电网—电力系统规划—教材 Ⅳ. ①TM727②TM715

中国版本图书馆 CIP 数据核字(2022)第 035368 号

现代电网精益化规划理论与实践教程(下册)
XIANDAI DIANWANG JINGYIHUA GUIHUA LILUN YU SHIJIAN JIAOCHENG(XIACE)
主　编 何英静
副主编 王　蕾　沈志恒

责任编辑 朱　玲
责任校对 傅宏梁
封面设计 春天书装
出版发行 浙江大学出版社
(杭州市天目山路 148 号　邮政编码 310007)
(网址：http://www.zjupress.com)
排　　版 杭州朝曦图文设计有限公司
印　　刷 广东虎彩云印刷有限公司绍兴分公司
开　　本 787mm×1092mm　1/16
印　　张 10.75
字　　数 248 千
版 印 次 2023 年 4 月第 1 版　2023 年 4 月第 1 次印刷
书　　号 ISBN 978-7-308-22371-3
定　　价 45.00 元

浙江大学出版社市场运营中心联系方式：0571—88925591；http://zjdxcbs.tmall.com

前　言

PREFACE

电网规划工作主要是指政府或电力企业在电网正式实施建设或进行改造前开展的负荷预测和电源规划的前期工作。电网规划有多种分类形式，按设计内容和特点分类，可以分为输电网、配电网和二次系统规划；按时间分类，可以分为长期、中期和短期规划。总体来说，电网规划是一项复杂又艰巨的系统工程，具有规模大、不确定性因素多、涉及领域广等特点。传统的电网规划首先由各专业人员分别依据国家和行业技术标准，按不同电压等级收集基础信息，进行电力需求预测，在分析电力系统和电网现状的基础上，分别对电力电量平衡、电源规划、网架规划、项目及时序安排、规划成果评价等进行研究。在日常的电网规划工作中，规划人员各司其职，在本职工作中精益求精，但与其他科室协同配合较少。

随着世界经济的快速发展，各行各业以及国民生活对电能需求的增加，电网规划迎来了新的机遇和挑战。一方面，“十四五”期间，在“碳达峰、碳中和”目标的指引下，能源行业要走向高质量发展新征程，高比例可再生能源、分布式能源以及电动汽车、储能等新型负荷并网成为未来电力系统的重要特征，使电源侧和负荷侧不确定性增强，对电网规划在灵活性、安全性、可靠性等方面提出了更高要求。另一方面，基于5G的大数据、电力物联网边缘计算和云服务、电力大数据和人工智能技术呈现快速上升的趋势，泛在电力物联网具有数据量大、数据类型多、处理速度快、精准度高和实用价值高等特点，为现代电网规划提供了强有力的科技支撑。技术的更新迭代要求电网规划从业人员加强学科交叉，全面掌握规划设计流程，从整体上把握和协调主网、配网、通信网规划，确保各电压等级电网建设的协调同步发展，并对特高压交直流系统、大电网安全、柔性直流输电、新一代智能变电站等前沿、前瞻性技术研究有所涉猎。

国网浙江省电力有限公司经济技术研究院具有齐备的主网、配网、通信等专业和规划设计技术优势，并持续引进新兴技术，积极参与前沿技术推广应用，注重现代电网规划创新人才的培养和队伍建设。作为全面推进“三型两网”建设、主动适应能源革命和数字革命融合发展、纵深推进电力改革和国资国企改革、提升新时代电网规划创新人才能力的关键环节，国网浙江省电力有限公司经济技术研究院结合丰富的电力工程案例，编写了符合新时代电网规划工作需求的培训教材。

《现代电网精益化规划理论与实践教程》分为上、下两册，本书为下册。上册分为七章，阐述了新型电网规划面临的新形势，包括电网中的新型电力设施和现代电网规划的约束条件及新理念；探讨了现代电网规划的思路及方法，并结合丰富的电力工程案例，对电网规划的可靠性评估应用、全寿命成本计算和电网规划精准投资进行了讲解；归纳评价了不同电压等级的电网可靠性评估、电网结构标准化规划设计；介绍了新型配电网规划方法以及适应分布式能源和电动汽车充电设施接入的配电网规划；精炼了现代电网规划的思路及方法。

本书内容涵盖面广，可以同时为省级、地市公司级电网规划编制人员、高校学生、电力咨询单位咨询设计人员，以及政府能源管理机构的官员等提供技术参考。

由于时间仓促及编写人员专业水平所限，本书在编写过程中难免会出现疏漏之处，敬请读者批评指正。

编　者

2022 年 12 月于杭州

目　录

CONTENTS

专题一:电力系统安全稳定运行

随着特高压电网的发展和新能源大规模持续并网,特高压交直流电网逐步形成,系统容量持续扩大,新能源装机不断增加,电网格局与电源结构发生重大改变,电网特性发生深刻变化,给电力系统的安全稳定运行带来了全新的挑战。[1]

一、保证电力系统安全稳定运行的基本要求

(一)总体要求

为保证电力系统运行的稳定性,维持电力系统频率、电压的正常水平,系统应有足够的静态稳定储备和有功功率、无功功率备用容量。备用容量应分配合理,并有必要的调节手段。在正常负荷及电源波动和调整有功、无功潮流时,均不应发生自发振荡。[1]

合理的电网结构和电源结构是电力系统安全稳定运行的基础。在电力系统的规划设计阶段,应统筹考虑,合理布局;在运行阶段,运行方式安排也应注重电网结构和电源开机的合理性。合理的电网结构和电源结构应满足如下基本要求。

(1)能够满足各种运行方式下潮流变化的需要,具有一定的灵活性,并能适应系统发展的要求。

(2)任一元件无故障断开时,应能保持电力系统的稳定运行,且不致使其他元件超过规定的事故过负荷能力和电压、频率允许偏差的要求。

(3)应有较大的抗扰动能力,并满足《电力系统安全稳定导则》(GB 38755—2019)中规定的有关各项安全稳定标准。

(4)满足分层和分区的原则。

(5)合理控制系统短路电流。

(6)交、直流相互适应,协调发展。

(7)电源装机的类型、规模和布局合理,具有一定的灵活调节能力。

在正常运行方式(含计划检修方式,下同)下,所有设备均应不过负荷、电压与频率不越限,系统中任一元件发生单一故障时,应能保持系统安全稳定运行。

在故障后经调整的运行方式下,电力系统仍应有规定的静态稳定储备,并满足再次

发生任一元件故障后的稳定和其他元件不超过规定事故过负荷能力的要求。

电力系统发生稳定破坏时，必须有预定的措施，以防止事故范围扩大，减少事故损失。

低一级电压等级电网中的任何元件(如发电机、交流线路、变压器、母线、直流单级线路、直流换流器等)发生各种类型的单一故障，均不应影响高一级电压等级电网的稳定运行。

电力系统的二次设备(包括继电保护装置、安全自动装置、自动化设备、通信设备等)的参数设定及耐受能力应与一次设备相适应。

送受端系统的直流短路比、多馈入直流短路比以及新能源场站短路比应达到合理的水平。

(二)电网结构

1. 受端系统的建设

受端系统是整个电力系统的重要组成部分，应作为实现合理电网结构的一个关键环节予以加强，建议从以下方面加强受端系统安全稳定水平。

(1)加强受端系统内部最高一级电压的网络联系。

(2)加强受端系统的电压支撑和运行的灵活性，应接有足够容量的具有支撑能力和调节能力的电厂。

(3)受端系统应有足够的无功补偿容量，直流落点与负荷集中地区应合理配置动态无功调节设备。

(4)枢纽变电站的规模和换流站的容量应同受端系统相适应。

(5)受端系统发电厂运行方式改变，不应影响正常受电。

(6)对于直流馈入受端系统，应优化直流落点，完善近区网架，提高系统对直流的支撑能力，多馈入直流(两回及以上)总体规模应和受端系统相适应。

2. 电源接入

根据电源在系统中的地位和作用，不同规模的电源应分别接入相应的电压等级网络；在经济合理与建设条件可行的前提下，应在受端系统内建设一些具有支撑能力的主力电源；最高一级电压等级电网应直接接入必要的主力电源。

外部电源需经相对独立的送电回路接入受端系统，避免电源或送端系统之间的直接联络以及送电回路落点和输电走廊过于集中。当电源或送端系统需要直接联络时，应进行必要的技术经济比较。每一组送电回路的最大输送功率所占受端系统总负荷的比例不应过大，具体比例应结合受端系统的具体条件来决定。

3. 负荷接入

负荷的谐波、冲击等特性对所接入电力系统电能质量和安全稳定的影响不应超过该系统的承受能力。

负荷应具备一定的故障扰动耐受能力,在确保用电设备安全的前提下,应设置合理的负荷保护定值,在系统电压、频率波动时避免不必要的负荷损失和故障范围的扩大。

可中断负荷、提供频率响应的负荷,优先列入保障电力系统安全稳定运行的负荷侧技术措施。重要负荷(用户)应优先确保其供电可靠性。

4. 电网分层分区

应按照电网电压等级和供电区域合理分层、分区。合理分层,将不同规模的电源和负荷接到相适应的电压等级网络上;合理分区,以受端系统为核心,将外部电源连接到受端系统,形成一个供需基本平衡的区域,并经联络线与相邻区域相连。

随着高一级电压等级电网的建设,下一级电压等级电网应逐步实现分区运行,相邻分区之间保持互为备用。应避免和消除严重影响电力系统安全稳定的不同电压等级的电磁环网,电源不应装设构成电磁环网的联络变压器。

分区电网应尽可能简化,以有效限制短路电流,简化继电保护的配置。

5. 电力系统间的互联

电力系统采用交流或直流方式互联应进行技术经济比较。

交流联络线的电压等级应与主网最高一级电压等级相一致。

互联的电力系统在任一侧失去大电源或发生严重单一故障时,联络线应保持稳定运行,并不应超过事故过负荷能力。

在联络线因故障断开后,应保持各自系统的安全稳定运行。

系统间的交流联络线不应构成弱联系的大环网,并应考虑其中一回路断开时,其余联络线保持稳定运行,并可转送规定的最大电力。

对交流弱联网方案,应详细研究其对电力系统安全稳定的影响,经技术经济论证合理后方可采用。

采用直流输电网时,直流输电的容量应与送端系统的容量匹配,直流短路比(含多馈入直流短路比)应满足要求,并联交流通道应能够承担直流闭锁后的转移功率。

(三)电源结构

应根据各类电源在电力系统中的功能定位,结合一次能源供应可靠性,合理配置不同类型电源的装机规模和布局,满足电力系统电力电量平衡和安全稳定运行的需求,为系统提供必要的惯量、短路容量、有功和无功支撑。

电力系统应统筹建设足够的调节能力,常规电厂(火电、水电、核电等)应具备必需的调峰、调频和调压能力,新能源场站应提高调节能力,必要时应配置燃气电站、抽水蓄能电站、储能电站等灵活调节资源及调相机、静止同步补偿器、静止无功补偿器等动态无功调节设备。

(四)无功平衡及补偿

无功功率电源的配置应留有适当裕度,以保证系统各中枢点的电压在正常和发生故障后均能满足规定的要求。

电网的无功补偿应以分层分区和就地平衡为原则,并应随负荷(或电压)的变化进行调整,避免经长距离线路或多级变压器传送无功功率。330kV 及以上等级架空线路、220kV 及以上等级电缆线路的充电功率应基本予以补偿。

同步发电机或同步调相机应带自动调节励磁(包括强行励磁)运行,具备充足的进相和迟相能力,并保持其运行的稳定性。

新能源场站应具备无功功率调节能力和自动电压控制功能,并保持其运行的稳定性。

为保证受端系统发生突然失去一回线路、失去直流单极或失去一台大容量机组(包括发电机失磁)等故障时,保持电压稳定和正常供电,不致出现电压崩溃,受端系统中应有足够的动态无功功率备用容量。

(五)网源协调

电源(即接入 35kV 及以上电压等级电力系统的火电、水电、核电、燃气轮机发电、光热发电、抽水蓄能、风力发电、光伏发电及储能电站等,下同)及动态无功功率调节设备的参数选择必须与电力系统相协调,保证其性能满足电力系统稳定运行的要求。

电源侧的继电保护(涉网保护、线路保护)和自动装置(自动励磁调节器、电力系统稳定器、调速器、稳定控制装置、自动发电控制装置等)的配置及整定应与发电设备相互配合,并应与电力系统相协调,保证其性能满足电力系统稳定运行的要求。

电源均应具备一次调频、快速调压、调峰能力,且应满足相关标准要求。存在频率振荡风险的电力系统,系统内水电机组调速系统应具备相应的控制措施。

电源及动态无功调节设备对于系统电压、频率的波动应具有一定的耐受能力。新能源场站以及分布式电源的电压和频率耐受能力原则上与同步发电机组的电压和频率耐受能力一致。

存在次同步振荡风险的常规电厂及送出工程,应根据评估结果采取抑制、保护和监测措施。存在次同步振荡或超同步振荡风险的新能源场站及送出工程,应采取抑制和监测措施。

电力系统应具备基本的惯量和短路容量支持能力,在新能源并网发电比重较高的地区,新能源场站应提供必要惯量与短路容量支撑。

(六)防止电力系统崩溃

规划电网结构应实现合理的分层分区。电力系统应在适当地点设置解列点,并装设自动解列装置。当系统发生稳定破坏时，能够将系统解列为两个或几个各自尽可能保持同步运行的部分，防止系统长时间不能拉入同步或造成系统瓦解，扩大事故。

电力系统应考虑可能发生的最严重故障情况，并配合解列点的设置，合理安排自动低频减负荷的顺序和所切负荷数值。当整个系统或解列后的局部出现功率缺额时，能够有计划地按频率下降情况自动减去足够数量的负荷，以保证重要用户的不间断供电。发电厂应有可靠的保证厂用电供电的措施，防止因失去厂用电导致全厂停电。

在负荷集中地区，应考虑当运行电压降低时，自动或手动切除部分负荷，或有计划解列，以防止发生电压崩溃。

（七）电力系统全停后的恢复

电力系统全停后的恢复应首先确定停电系统的地区、范围和状况，然后依次确定本区内电源或外部系统帮助恢复供电的可能性。当不可能时，应尽快执行系统黑启动方案。

制订黑启动方案应根据电网结构和特点合理划分区域，各区域须安排1～2台具备黑启动能力的机组，确保机组容量和分布合理。

系统全停后的恢复方案（包括黑启动方案），应适合本系统的实际情况，以便能快速有序地实现系统和用户的恢复。恢复方案中应包括恢复步骤及恢复过程中应注意的问题，其保护、通信、远动、开关及安全自动装置均应满足自启动和逐步恢复其他线路和负荷供电的特殊要求。

在恢复启动过程中应注意有功功率、无功功率平衡，防止发生自励磁和电压失控及频率的大幅度波动。必须考虑系统恢复过程中的稳定问题，合理投入继电保护和安全自动装置，防止因保护误动而中断或延误系统恢复。

二、电力系统安全稳定计算分析

电力系统安全稳定计算分析应根据系统的具体情况和要求，进行系统安全性分析，包括静态安全分析、静态稳定分析、暂态功角稳定分析、动态功角稳定分析、电压稳定分析、频率稳定分析、短路电流的计算与分析、次同步振荡或超同步振荡问题等。电力系统安全稳定计算分析是检验电力系统的安全稳定水平和过负荷能力，优化电力系统规划方案，提出保证系统安全稳定运行的控制策略和提高系统稳定水平的措施。下面重点介绍上述几种系统安全性分析。

（一）静态安全分析

电力系统静态安全分析是指应用 $N-1$ 原则，逐个无故障断开线路、变压器等元件，检查其他元件是否因此出现过负荷或电压越限,用以检验电网结构强度和运行方式是否满足安全运行要求。

(二)静态稳定分析

电力系统静态稳定分析包括静态功角稳定分析及静态电压稳定分析,其目的是应用相应的判据,确定电力系统的稳定性和输电断面(线路)的输送功率极限,检验在给定方式下的稳定储备。

对于大电源送出线、跨大区域或省份网间联络线,网络中的薄弱断面等应进行静态稳定分析。

静态稳定判据如下:

$$\frac{dP}{d\delta} > 0 \tag{1.1}$$

或

$$\frac{dQ}{dV} < 0 \tag{1.2}$$

式中,P 为线路传输的有功功率(MW);Q 为线路传输的无功功率(Mvar);δ 为电机的功角(°);V 为发电机的端电压(kV)。

相应的静态稳定储备系数如下:

$$K_P = \frac{P_j - P_z}{P_Z} \times 100\% \tag{1.3}$$

$$K_V = \frac{U_z - U_c}{U_z} \times 100\% \tag{1.4}$$

式中,K_P 为根据功角判据(式 1.1)计算的静态稳定储备系数;P_j 为静态稳定极限(MW);P_z 为正常传输功率(MW);K_V 为根据无功电压判据(式 1.2)计算的静态稳定储备系数;U_z 为母线的正常电压(kV);U_c 为母线的临界电压(kV)。

(三)暂态功角稳定分析

电力系统暂态功角稳定分析的目的是在规定的运行方式和故障形态下,对系统稳定性进行校验,并对继电保护和自动装置以及各种措施提出相应的要求。

暂态功角稳定分析的计算条件如下。

(1)应考虑在最不利地点发生的金属性短路故障。

(2)发电机模型应采用考虑次暂态电势变化的详细模型,考虑发电机的励磁系统及其附加控制系统、原动机及其调速系统,考虑电力系统中有关的自动调节和自动控制系统的动作特性。

(3)新能源场站应采用详细的机电暂态模型或电磁暂态模型。

(4)直流输电系统应采用详细的机电暂态模型或电磁暂态模型,以及直流附加控制模型。

(5)继电保护、重合闸和有关自动装置的动作状态和时间应结合实际情况考虑。

(6)应考虑负荷动态特性。

暂态功角稳定的判据是在电力系统遭受每一次大扰动后,引起电力系统各机组之间功角相对增大,在经过第一或第二个振荡周期不失步,做同步的衰减振荡,系统中枢点电压逐渐恢复。

暂态功角稳定分析应采用机电暂态仿真。对于大容量直流落点电网,直流响应特性对系统暂态稳定性影响较大时,应采用机电—电磁暂态混合仿真进行校核。

(四)动态功角稳定分析

电力系统动态功角稳定分析的目的是在规定的运行方式和扰动形态下,对系统的动态稳定性进行校验,确定系统中是否存在负阻尼或弱阻尼振荡模式,并对系统中敏感断面的潮流控制、提高系统阻尼特性的措施、并网机组励磁及其附加控制、调速系统的配置和参数优化以及各种安全稳定措施提出相应的要求。

动态功角稳定的判据是在电力系统受到小扰动或大扰动后,在动态摇摆过程中发电机相对功角和输电线路功率呈衰减振荡状态,阻尼比达到规定的要求。

动态功角稳定分析的发电机模型应采用考虑次暂态电势变化的详细模型,考虑发电机的励磁系统及其附加控制系统、原动机及其调速系统,考虑电力系统中各种自动调节和自动控制系统的动作特性及负荷的电压和频率动态特性;新能源场站和直流输电系统应采用详细的机电暂态模型。

小扰动动态功角稳定应采用基于电力系统线性化模型的特征值分析方法或机电暂态仿真;大扰动动态功角稳定性应采用机电暂态仿真。

(五)电压稳定分析

电压稳定是指系统在特定运行条件下,依据预先设定及人工提交的断面数据、各设备动态参数(考虑与电压稳定性密切相关的动态元件特性,包括有载调压变压器、发电机定子和转子过流限值、过励和低励限值等),经受一定扰动后(如设备停运、负荷或发电变动等),各节点维持合理电压水平的能力,是电力系统动态安全评估的重要组成部分。[2]

电力系统中经较弱联系向受端系统供电或受端系统无功电源不足时,应进行电压稳定分析。

电压稳定分析包括静态电压稳定分析和暂态电压稳定分析。其中,静态电压稳定分析采用逐渐增加负荷(根据情况采用保持恒定功率因数、恒定功率或恒定电流的方法,按比例增加负荷)的方法求解电压失稳的临界点(由 $\mathrm{d}P/\mathrm{d}V=0$ 或 $\mathrm{d}Q/\mathrm{d}V=0$ 表示),从而估计当前运行点的电压稳定裕度。

暂态电压稳定的判据是在电力系统受到扰动后的暂态和动态过程中,负荷母线电压能够恢复到规定的运行电压水平以上。应区分由发电机功角失稳引起的振荡中心附近电压降低和暂态电压失稳引起的电压降低。

详细研究暂态电压稳定时,模型中应包括负荷特性、无功补偿装置动态特性、带负荷自动调压变压器的分接头动作特性、发电机定子和转子过流和低励限制、发电机强励动作特性等。

暂态电压稳定计算应采用机电暂态仿真。大容量直流落点电网以及直流响应特性对系统电压稳定性影响较大时,应采用机电—电磁暂态混合仿真校核;需要考虑机组过励等长时间元件动态特性时,应采用中长期动态仿真。

(六)频率稳定分析

电力系统频率稳定分析的目的是当系统全部(或解列后的局部)出现频率振荡,或是因较大的有功功率扰动造成系统频率大范围波动时,对系统的频率稳定进行计算分析,并对系统的频率稳定控制提出对策,包括调速器参数优化、低频减载负荷方案、低频解列方案、高频切机方案、超速保护控制策略、直流调制以及各种安全稳定措施等。

频率稳定的判据是系统频率能迅速恢复到额定频率附近继续运行,不发生频率持续振荡或频率崩溃,也不使系统频率长期悬浮于某一过高或过低的数值。

小扰动频率稳定分析采用基于电力系统线性化模型的特征值分析方法或机电暂态仿真;大扰动频率稳定分析采用机电暂态仿真,应考虑负荷频率特性、新能源高频或低频脱网特性等。

(七)短路电流的计算与分析

电力系统短路电流计算的目的是对电力系统发生短路时的短路电流交流分量和直流分量衰减情况进行计算分析,短路故障的形式应分别考虑三相短路故障和单相接地故障,短路应考虑金属性短路。

短路电流安全校核的判据是母线短路电流水平不超过断路器的开断能力和相关设备设计的短路电流耐受能力。

(八)次同步振荡或超同步振荡问题

下列情况应开展次同步振荡或超同步振荡计算分析。

(1)汽轮发电机组送出工程及近区存在串联补偿装置或直流整流站。

(2)新能源场站集中接入短路比较低的电力系统。

(3)新能源场站近区存在串联补偿装置或直流整流站。

(4)其他存在次同步振荡或超同步振荡风险的情况。

三、新能源大规模并网消纳

"十二五"期间,我国新能源快速发展。截至2015年年底,我国风电、光伏发电总装机分别达到1.31亿kW、0.42亿kW,均居世界第1位;风电、光伏发电量分别达到1856亿kW·h和395亿kW·h,占总发电量的比重分别为3.2%和0.7%。在新能源快速发展的同时,弃风弃光问题也越发突出,主要集中在"三北"(华北、东北、西北)地区。[3,4]

新能源消纳出现困难的主要原因如下所述。

(1)新能源在一些省份超常规无序发展,局部地区占比过大,远超本地消纳能力。

(2)发电装机整体富余,而用电需求增长放缓,传统化石能源与新能源发电消纳之间的矛盾不断加剧。

(3)新能源规划与电网规划严重脱节,电网跨区输送通道建设滞后或能力不足,难以充分发挥电网优化配置能源资源的平台作用。

(4)电源结构仍以传统化石能源为主,系统调节能力不足,不能满足新能源发展的需要。

(5)促进新能源消纳的配套政策和机制不完善,市场在资源配置中的决定性作用有待进一步发挥。

"十三五"期间,我国风电、光伏装机容量均超过2亿kW,新能源消纳压力巨大,必须从电源、电网和用户等层面多措并举,努力提高新能源消纳能力。

(1)优化电源布局,坚持集中式和分布式相结合的原则发展新能源,加大就地消纳力度;通过建立预警机制和中央政府部门下达分省份年度调控规模的方式,以及财政补贴标准差异化,促使新能源在消纳能力强的地区多布局。

(2)加快新能源输电通道建设,破除省份间的壁垒,实现新能源大规模外送、大范围消纳。

(3)建立健全新能源跨地区跨省份消纳机制,制定调峰补偿、灵活电价以及可中断负荷等配套政策,鼓励开展跨地区跨省份新能源现货交易,拓展日前和实时新能源交易。

(4)加强供热机组调峰管理,实施供热机组热电解耦,支持煤电灵活性改造,加快建成一批抽水蓄能电站,提升系统调峰调频能力。

随着电网规模的不断扩大以及清洁能源的大规模接入,大量的电力电子器件接入电网,电网动态特性发生重大变化,系统稳定问题愈发突出。具体有以下表现。

(1)大容量常规直流馈入恶化了受端系统的电压调节特性。特高压直流输电可以大规模输送有功功率,但不提供无功功率,降低了受端系统动态无功储备。当受端交流系统电压降低时,直流逆变站从系统吸收无功,导致受端电网无功不足。

(2)直流弱送端系统短路容量不足。我国风电、光伏发电主要集中在西部和北部,送端电网相对薄弱,短路容量不足的问题突出,直流外送能力严重依赖于送端火电开机方式,面临换相失败引起的送端系统暂态电压升高风险。

(3)系统转动惯量下降。随着新能源机组的增多,常规机组运行台数减少,系统惯量随之降低,影响电网动态稳定。

随着新能源装机容量的快速增长,为了使新能源的建设速度与电网建设及负荷发展相适应,减少弃风弃光现象,对当前阶段的新能源接纳水平做出准确的评估显得尤为重要。

将所规划区域划分为几个地区,以单个地区为单位,综合考虑每个地区的风电、光伏、火电和水电装机容量,将各种类型的电源出力作为变量参与到地区功率平衡中,同时将每个地区与周围地区的联络线的传输功率作为变量也参与到各地区功率平衡中,这样就把各个地区通过地区间联络线联系在了一起,实现了整个区域的功率平衡。

鉴于新能源发电的间歇性特征,在电力系统实时运行中,其提供的有效平衡电力大打折扣,一般不超过总装机容量的10%。因此,新能源高比例接入系统后,电力平衡主要依赖常规电源,系统备用除负荷备用、事故备用以及检修备用外,还要增加新能源出力备用,这意味着系统的旋转备用大幅增加。

四、风—光—水多能互补系统

据统计,我国风电、光电清洁能源与西南水电将构成数以十亿级规模的清洁能源系统。依托西南地区大型水电基地,探索和发展风电、光电及水电(简称风光水)多能互补开发利用模式,充分发挥水电运行灵活、调节性能好的特点,将风光水联合打捆外送,平抑大规模风电和光电(简称风光)接入对于电网安全稳定运行的冲击,提高电网对风光的消纳能力,对于解决清洁能源的消纳难题,推动建设清洁低碳、高效安全的能源体系具有重要意义。[5]

如何应对大规模风光接入所带来的不确定性是多能互补系统研究的核心和难点。在诸多不确定性来源中,日前风光出力预测的不确定性是影响多能互补系统调度运行的主要因素之一。大型水电站普遍位于高山峡谷地带,受地形和天气的多变性和复杂性影响,其周边风、光电站日前出力预测普遍存在精度和可靠性较低等问题。日前预测出力和实际出力较大的相对误差将造成多能互补系统日前发电计划(也称“96点计划”)与实际发电能力的严重不匹配,在实际电力生产中需要依靠水电系统相应地调整出力,以确保风光水系统实际总出力满足日前发电计划的要求。水电站出力的大幅波动将造成库水位和下泄流量的显著变化,甚至出现发电破坏(发电能力不足,无法响应电网负荷指令要求)的情况。这将对水库工程安全、流域水安全和电力生产安全构成极大的挑战和威胁。风光出力预测的不确定性对多能互补系统调度运行的影响是系统安全、稳定、可靠运行的关键问题。

风光水多能互补系统是由不同类型、不同规模、不同外送方式电站共同组成的大型多源多网混合发电系统,构成了非常复杂的水力—电力时空耦合体系。大规模风光接入背景下多能互补系统的风险和效益可以从电力供给的可靠性、系统出力和水库运行的稳定性、发电效益的经济性三方面进行评估。

五、交直流电力系统安全稳定及协调控制

跨区、跨流域的交直流、多直流互联电网,在提升输电能力和提供更灵活的运行方式的同时,也带来了许多新的技术层面的问题:①多变的系统结构和运行方式,使交直流系统互相影响的特性复杂化,加剧了连锁事故发生的风险;②交直流相互作用的机理有待进一步探讨;③电网安全灵活和可控的运行控制要求对交直流协调、多直流协调及其控制的应用需求与日俱增。

传统交流系统中存在的暂态功角、电压和频率安全稳定及控制和协调问题,在交直流混联系统中更显突出。交直流阻尼协调控制抑制系统低频振荡,以及交直流紧急协调控制提高系统暂态稳定性一直是当前的研究热点。[6,7]

在交直流混联系统中,当换流站附近发生较大扰动时,将导致交流母线电压跌落,引起直流换相失败甚至连续换相失败导致闭锁。如何从影响高压直流输电(High Voltage Direct Current, HVDC)换相失败因素中,寻找预防换相失败发生和无序失控的控制措施策略,一直是交直流协调控制研究中不可回避的难题。随着大型风电、光伏等新能源的接入,如何利用交直流协调控制促进新能源的吸纳,提升输电网络的输电能力,也日益受到广泛关注。

随着广域监测系统(Wide-Area Measurement System,WAMS)的广泛成熟使用,基于 WAMS 协调控制的反馈信号选取、阻尼控制器设计、广域信号时延影响、交直流及多直流协调控制及优化方法成了当前的研究热点。

短期电压失稳主要是扰动后快速响应元件失去平衡点,长期电压失稳主要是因为未能恢复到长期稳定平衡点或失去长期动态平衡点。受直流系统的影响,受端交流电压安全稳定问题尤为突出。

直流控制分为基本控制和附加控制两类。基本控制方式有整流侧定电流或定功率、逆变侧定熄弧角或定电压控制。附加控制则用附加控制环节拓展直流系统的控制能力。附加小方式功率调制用于改善交流系统的动态性能,提高系统稳定性;附加大方式功率调制和直流紧急功率升降控制则用于减小主导两群间的加速动能,提高系统暂态稳定性。

交直流系统交互影响研究,主要针对各种不同交直流运行方式和直流控制方式,研究交直流相互作用的现象和实质,揭示交直流运行方式、各种控制策略对安全稳定模式的影响,就制约输电传输能力的问题、协调交直流系统中的各种控制措施,设计新的控制策略,提升输电能力。

按照地域因素,可将交直流系统交互影响分为送端和联络断面交直流系统交互影响、受端交直流系统交互影响。交互影响问题的表现形式除涉及功角、电压、频率和大小扰动下的动态稳定外,还可能表现为次同步振荡问题。表现形式的多样性决定了交直流

系统交互影响研究必须考虑各种可能的运行方式和控制模式,揭示可能制约系统输电能力的安全因素。

对于交直流系统存在安全稳定的运行方式,必须采用适当的控制措施以提高系统的安全稳定。常见的交流控制有发电机励磁控制、电力系统稳定器(Power System Stabilizer,PSS)、静态无功补偿、常规切机切负荷等。

直流附加控制一方面能够增强系统阻尼,提高系统的动态稳定性,另一方面又能提供紧急功率支援,提高系统的暂态稳定性,成为直流控制领域的研究热点。

面向交直流交互系统的电压控制技术需要解决以下关键问题。

(1)暂态电压安全及稳定具有故障相依特性

故障是驱动电网发生暂态电压安全和稳定问题发生的核心因素,相同的电网在不同故障作用下的暂态电压安全性差异巨大;不同故障下受影响的母线电压和无功源各不相同,不同故障下电网暂态电压安全问题的调控策略也不一样。对于大规模复杂电网来说,在线完整预想故障集规模巨大,给在线计算带来很大挑战。

(2)电网无功/电压的安全边界具有时变特性

传统自动电压控制(Automatic Voltage Control,AVC)的电网可行域一般根据人工经验或设备参数得到,既不能保障电网暂态电压安全,也无法根据电网运行状态进行自适应调整。对于电力系统来说,电网无功/电压安全边界随着运行方式而发生变化。一方面,为了预留更多的动态无功储备,发电机、调相机、静止无功补偿装置(Static Var Compensator,SVC)、静止同步补偿器(Static Synchronous Compensator, STATCOM)等动态无功源需要限制其稳态时的运行状态范围,同时容抗器需要配合动作以保证全网电压水平处于合理区间;另一方面,为了遏制电压驱动的连锁故障,需要保障母线电压处于"正常且安全"的状态,因此一些关键母线的电压需要被约束在更加安全的电压安全域内。

六、电力储能技术

随着智能电网时代的到来,储能技术发挥的作用日益明显,已涉及发、输、配、用各个环节。电力储能不仅具有快速响应和双向调节的特点,还具有环境适应性强、配置方式灵活且建设周期短等优势。预计到 2050 年,我国能源革命将取得阶段性成果,能源生产和终端消费环节新能源比重将超过"两个 50%",储能市场具有极大的发展空间。下面从电源侧、电网侧、用户侧、微电网四个方面展开阐述储能在可再生能源利用、保证电网安全稳定运行上起到的作用。[8]

(一)电源侧

储能在传统发电领域主要参与辅助调频,使电源发电更具可控性,在山西、内蒙古、山东、安徽等地应用较多。这些地区火电机组装机较多，水电较少，电源系统灵活性不足，在这种场景下，需要配置功率型储能电池，实现与火电机组一体化调度，提升机组整体响应性能，增加机组设备的利用率。例如，山西晋能、同达等国内火储联合调频项目，通常配置 9MW/4.5MW·h 容量，商业运营效果较为理想。

储能在新能源领域主要用于平滑出力波动、跟踪调度计划指令、提升新能源消纳水平等。截至 2019 年 9 月底，我国光伏发电累计装机 1.9 亿 kW，风电累计装机 1.98 亿 kW，新能源装机占比已超过 20%，在电力系统中的地位正在向电能增量主力供应商过渡。光伏和风电出力具有很大的随机性、波动性和间歇性，加装储能系统可以跟踪新能源发电计划出力，在新能源出力较低时由储能系统输出功率，保证负荷用电安全；在新能源出力曲线尖峰时由储能系统吸收功率，保证所输出的电能不被浪费。较有代表性的项目包括：国家风光储输示范一期项目配置 100MW 风电/40MW 光伏/20MW 储能；青海格尔木时代光储联合发电项目配置 50MW 光伏/15MW 储能；辽宁卧牛石风储联合发电项目配置 50MW 风电/5MW 储能；青海格木多能互补项目配置 400MW 风电/200MW 光伏/50MW 储能/50MW 光热等。

(二)电网侧

储能在电网侧主要是发挥调峰调频辅助支撑，提供应急保障，确保安全稳定。2018 年以来，电网侧储能项目迅速发展，带动了电化学储能项目规模的增长，我国首个百兆瓦电网侧储能电站集群，同时也是世界容量最大的电化学储能电站集群在江苏应运而生。除此之外，河南、湖南、甘肃、青海等省份的电网侧储能项目也逐步实施。南方电网于 2010 年建成 4MW/16MW·h 深圳宝清电池储能电站，成为我国首座兆瓦级调峰调频锂电池储能电站；河南电网已建成 100MW/100MW·h 电网侧储能电站；湖南长沙电池储能电站项目分两期建设，一期规模为 60MW/120MW·h，已建成投运；辽宁大连 200MW/800MW·h 液流电池储能调峰电站是国家大型化学储能示范项目，一期 100MW/400MW·h 已建成投运。

在特高压电网中，储能是提供系统备用和应急保障，确保电网安全运行的重要手段，且可同时发挥多项作用，必将加速发展。意大利 Terna 公司电网侧规模储能项目，通过对不同运行控制模式的切换，可同时承担一、二次调频，系统备用，减少电网阻塞，优化潮流分布等多重任务，最终起到提高电网运行稳定性的作用。

在配电网中，储能可有效补充电力供应不足，治理配电网薄弱地区的“低电压”或分布式能源接入后引起的“高、低电压”问题，可同时解决季节性负荷、临时性用电、不具备增容扩建条件等配网供电问题，有效延缓配网新增投资。美国芝加哥电力利用可回收储能设备延缓变压器升级投资，属于电网侧延缓输变电设施建设的典型应用。

(三)用户侧

储能系统安装在负荷端可以减少电压波动对电能质量的影响，保持电能质量，保证安全、稳定供电。用户侧储能针对传统负荷可实施削峰填谷、需求响应和需量电费管理等。削峰填谷适用于高峰时段用电量大的用户，通过“谷充峰放”降低用电成本是目前最为普遍的商业化应用；需求响应通过响应电网调度，帮助改变或推移用电负荷获取收益；需量管理通过削减用电尖峰，降低需量电费。江苏无锡星洲工业园储能系统项目(20MW/160MW·h)是全国最大容量的商业运行用户侧储能，也是首个依照国家电网江苏省电力公司《客户侧储能系统并网管理规定》并网验收的项目。

用户侧储能还可与分布式可再生能源结合开展光储一体、充储一体应用。例如，上海嘉定安亭充换储一体化电站项目，将电动汽车充电站、换电站、储能站和电池梯次利用等多功能进行融合；江苏车牛山岛能源综合利用微电网项目由储能设备及风、光、柴油机组成，是国内首个交直流混合智能型微电网。

然而，当前国内用户侧储能同样面临挑战：一是用户侧储能环境复杂，各类用户对储能的需求不尽相同，场地、安全等问题是推广用户侧储能项目的共性问题，加之相关标准尚不清晰，导致项目的可复制性低，非技术环节的降本难度大；二是电价的波动也影响了用户侧储能的收益水平，近两年工商业电价下调幅度达 20%，电价下降直接压缩了用户侧储能项目峰谷价差套利空间。

(四)微电网

微电网是指由分布式电源、储能装置、能量转换装置、负荷、监控和保护装置等组成的小型发配电系统。

微电网作为未来电网的发展方向，在提高能源供应效率、降低损耗、提供高效便利的可再生能源等方面具有重要作用。以储能为核心手段，可聚合可中断负荷、电动汽车等多种储能资源，协同分布式发电，构建虚拟电厂，参与需求侧响应和电力市场交易。微电网根据与大电网连接情况分为离网型微电网和并网型微电网。西藏尼玛县可再生能源局域网 1.2MW/1.8MW·h 工程是目前位于全球海拔最高、环境最恶劣地区的可再生能源局域网项目，整体由多种电池储能系统、柴油机及光伏组成。江苏连云港并、离网可切换储能项目，实现了用户负荷实时监测，可随时调节储能运行状态，保障用户供电可靠性。

储能应用于离网型微电网可提高分布式能源的稳定性，避免远距离传输给主电网造成传输压力及电力损耗；能在夜间或分布式能源维修期间持续为主要负载提供部分电源，减少停电时间；储能系统可在微电网中分布式电源能量充足时进行存储，出现能量缺额时释放能量，保持内部能量平衡。

储能应用于并网型微电网，可在大电网发生故障或者电能质量不能满足要求时，稳定电源的输出功率，调节输出的有功功率和无功功率，保证负荷安全稳定用电，同时有效解决电压骤降等电能质量问题。

七、结语

(1)随着新能源装机比重的增加、发电渗透率的提高，电网格局与电源结构发生了重大改变，电网特性发生了深刻变化，电力系统安全稳定运行面临严峻挑战，《电力系统安全稳定导则》(GB 38755—2019)为电力系统规划、运行提供了指导意见。

(2)电力系统安全稳定计算分析应根据系统的具体情况和要求，进行系统安全性分析，包括静态安全分析、静态稳定分析、暂态功角稳定分析、动态功角稳定分析、电压稳定分析、频率稳定分析、短路电流的计算与分析、次同步振荡或超同步振荡问题等。

(3)未来的研究方向包括新能源大规模并网消纳、多能互补系统控制、交直流电力系统安全稳定及协调控制、电力储能等。

参考文献

[1] 国家标准化管理委员会. 电力系统安全稳定导则(GB 38755—2019)[S]. 2019.

[2] 赵选宗，雷鸣，李靖，等. 电力系统在线安全稳定分析技术研究[J]. 山东电力技术，2014(5)：6-12.

[3] 张运洲，单葆国. 中国电力系统发展运营面临的挑战和对策[J]. 中国电力，2017(1)：2-6.

[4] 张增强，沈超，付高善，等. 基于地区功率平衡的新能源最大接纳能力评估[J]. 河北工业科技，2016(2)：120-125.

[5] 闻昕，孙圆亮，谭乔凤，等. 考虑预测不确定性的风—光—水多能互补系统调度风险和效益分析[J]. 工程科学与技术，2020(3)：32-41.

[6] 彭慧敏，李峰，丁茂生，等. 交直流电力系统安全稳定及协调控制的评述[J]. 电力系统及其自动化学报，2016(9)：74-81.

[7] 葛怀畅，王彬，郭庆来，等. 面向高比例可再生能源交直流混联电网的动态自动电压控制系统：设计与应用[J]. 中国电机工程学报，2020(16)：5170-5179.

[8] 周喜超. 电力储能技术发展现状及走向分析[J]. 热力发电，2020(8)：7-12.

专题二：电力市场

一、我国电力市场建设历程

（一）整体情况

2002 年 2 月，国务院下发了《国务院关于印发电力体制改革方案的通知》（国发〔2002〕5 号），标志着我国电力市场改革的开始。同年 12 月，厂网实现分离。2015 年 3 月，中共中央、国务院下发了《关于进一步深化电力体制改革的若干意见》（中发〔2015〕9 号），开启了我国新一轮电力体制改革的序幕。2015 年 11 月，国家发改委、国家能源局颁布《关于有序放开发用电计划的实施意见》，推进建立“管住中间、放开两头”的体制架构，有序放开输配以外的竞争性环节定价，有序向社会资本放开配售电业务，有序放开公益性和调节性以外的发用电计划。2017 年 8 月，国家发改委、国家能源局下发《关于开展电力现货市场建设试点工作的通知》（发改办、能源〔2017〕1453 号），选择南方（以广东起步）、蒙西、浙江、山西、山东、福建、四川、甘肃等八个地区作为第一批试点。目前，八个现货市场试点建设地区均已公布现货市场交易规则，并已启动现货市场结算试运行。广东、浙江等试点采用集中式市场模式，要求全电量集中竞价；福建等则采用分散式市场模式，部分电量在现货市场优化出清。[1,2]

（二）浙江电网及电力市场概况

浙江作为华东枢纽，采用交直混联电网，具有复杂的运行特性。[3]这是因为：第一，浙江省的电力交互较为复杂频繁，电网的稳定运行也容易受到台风、雨雪等恶劣天气影响；第二，浙江省的资源匮乏问题突出，以煤电为主，且价格偏高，浙江电网的电源集中度较高，并受制于能源双控、清洁示范等要求，存在较大的交叉补贴成分；第三，浙江电网的用电增长快，对外来电依赖较大，2021 年 7 月 13 日，社会最高负荷首次突破 1 亿 kW，达到 1.0022 亿 kW，其中，省外送入 3545 万 kW，约占 35%。

2017 年 6 月，浙江省电网制订了《浙江省电力体制改革综合试点方案》并上报国家；

同年9月,发布了《关于开展电力现货市场建设试点工作的通知》;同年10月,浙江省能源局出台了《浙江电力体制改革综合试点方案》。自2017年11月起,浙江省同步开展市场规则编制与技术支持体系开发。2018年4月,电力体制改革专题会议召开,明确了市场建设的目标,浙江电力市场建设稳步开展。

2019年6月,浙江电力现货市场模拟试运行正式启动;同年9月,浙江省进行了首次现货市场周结算试运行;同年10月,首次放开售电市场交易,涉及浙江省内四大行业;同年12月,浙江电力市场仿真实验室揭牌成立。

2020年2月,国家电网公司印发2020年重点工作任务;同年5月,浙江电力现货市场第二次周结算试运行顺利完成;同年7月,浙江电力现货市场第三次周结算试运行顺利完成,第一次实现了整月结算试运行。

二、电力市场基本概念、建设要求与原则

(一)基本概念

电力市场一般是指竞争性的电力交易市场,即电能生产者和使用者通过协商、竞价等方式就电能及其相关产品进行交易,通过市场竞争确定价格和数量的机制。

电力市场由市场主体(发用两方、运营机构)、市场对象(交易品种,如电能、辅助服务等)、市场框架、市场规则、市场价格等关键要素构成。

电能的真实价值用电价来衡量,主要分为时间价值和空间价值两个维度,一天内不同时段的电价不同,反映了当时的实际供需情况;区域电价、节点电价则反映了不同地区的电力资源供需关系。

(二)我国电力市场建设要求

我国电力市场建设的总体要求如下。

(1)明确目标。电力市场建设应以国家深化电力市场建设有关决策部署为指引,充分发挥市场在资源配置中的决定性作用,加快构建有效竞争的市场结构和市场体系,提高能源利用效率和安全可靠性,促进公平竞争和节能环保。[4]

(2)立足国情。电力市场建设必须充分考虑国情,不能简单照搬西方理想市场模式。当前我国电力市场建设需要统筹考虑资源与负荷分布、以省份为实体、电网结构复杂、清洁能源转型等客观实际。

(3)确保安全。与普通商品相比,电力商品具有供需实时平衡、传输遵循特定物理规律、安全水平要求高等显著特性。电力市场建设必须充分尊重电力市场经济规律和电力系统运行规律,确保电力系统的安全稳定运行。

(4)稳妥推进。电力市场建设是一项系统工程,对各相关方影响重大。要坚持平稳起步、分步推进,与市场基础条件和内外部环境相适应,充分考虑市场运营风险和社会各界的可接受程度,确保可操作性。

(5)协同发力。电力市场的有序运转离不开各方主体协同配合、共同发力,要发挥好市场主体的作用,共同推动电力市场建设。

其中,政府管理部门负责组织制订市场方案、审批市场规则、对市场进行实时的监管;电网企业应无歧视地向各类市场主体提供输配电服务,为市场运营和交易执行提供坚强的物理基础;发电企业、售电公司、电力用户按规则参与电力交易,签订和履行各类交易合同,依法依规披露和提供信息,服从统一调度和安全规定。

(三)我国电力市场建设原则

面对能源转型和电力系统重构的挑战,电力市场需要紧扣中央要求和我国国情,遵循电力系统的基本原理和技术规律,将以下原则[4]贯穿于市场设计、建设、运营的全环节,通过市场机制引导构建科学合理的电源和电网结构,推动电力系统的能源链、信息链和价值链重塑,促进现代电力系统的科学发展和协调运行。

(1)确保电网运行安全

①发挥电网统一规划、统一调度、统一管理的制度优势。

②与现有的电网运行管理体系和安全管理措施做好衔接。

③通过市场机制保障电能生产、输送和使用的动态平衡。

④充分发挥大电网平衡保障、资源互济等效益。

(2)推动清洁低碳转型

①加快构建适应可再生能源资源分布和运行特点的市场机制和交易体系。

②利用市场化手段增加传统火电灵活性改造的积极性,优化电源结构,提高电力系统调节能力。

③引导源网荷储各类资源和相关方广泛参与和友好互动,充分挖掘消纳潜力。

(3)促进大范围优化配置

①打破省份间的壁垒,推动构建统一开放、竞争有序的全国统一电力市场。

②构建跨省份和省份内统筹协调的市场运营机制,提升市场效率与效益。

③引导跨地区跨省份输电通道建设,促进网源协调发展。

三、电力市场体系架构

(一)电力市场体系分类

电力市场是由多级市场组成的交易体系,不同国家和地区,结合各自的电力发展情况,设置了不同的市场交易体系。电力市场的结构可以根据交易对象、时间和市场性质进行不同的划分。[5]

(1)按照交易对象不同,分为容量市场、电量市场、辅助服务市场和输电权市场

①容量市场:促进回收发电固定成本,激励电源建设投资,保证系统电力供应容量充足。

②电量市场:促进发用电资源优化配置,反映电能量供需关系,形成价格信号。

③辅助服务市场:通过市场化竞争确定调频、备用等辅助服务资源,保障电网安全稳定运行。

④输电权市场:与电能量交易配套,锁定合同电量所需传输能力,对冲现货市场阻塞风险。

(2)按照时间不同,分为中长期市场、日前市场和实时市场

①中长期市场即合约市场,是电能市场的重要组成部分。中长期市场旨在锁定远期价格,规避现货市场价格波动风险。中长期市场的交易量一般占到电力市场总交易量的70%以上。

②日前市场对实际运行前一天的电量进行交易与结算。通过日前电量市场的交易,电力系统调度机构可以确定次日系统的运行方式和计划调度,发电厂可以调整机组的出力,获得更多的电量,用户可以购买合同电量之外所需的电量。

③实时市场是指在实际生产前几十分钟到几小时,根据系统负荷的不平衡而实施的电力交易。实时市场能够依据超短期负荷预测结果和最新的电网运行方式,调节实际所需发电曲线和日前交易结果的偏差,实现电力实时平衡和电网安全运行,实时市场的优化电量一般只占到市场总交易量的1%~2%。

(3)按照市场性质不同,分为物理和金融市场

①物理市场包括中长期物理合同、电能量现货市场、辅助服务市场和容量市场。

②金融市场包括中长期金融合同、电力期货市场、金融输电权和虚拟投标。

现货市场作为电力市场体系结构的重要部分,包含了日前市场和实时市场。对于电力市场的有序运行、开放和竞争都起到了至关重要的作用,同时也是系统安全运行与市场交易稳定进行的关键环节。建设有序运行的电力现货市场符合我国电力市场改革的目标,是一个理论与应用研究的重要方向。

(二)我国电力市场建设目标

电力市场的建设目标为逐步建立以中长期交易为主、现货交易为补充的市场化电力电量平衡机制;逐步建立以中长期交易规避风险,以现货市场发现价格,交易品种齐全、功能完善的电力市场。在全国范围内逐步形成竞争充分、开放有序、健康发展的市场体系。

由于电力市场改革的目标有很多方面,因此存在多种不同的目标表述,这里将引入终极目标[6]的概念,将不同政策、背景下的目标都归结到终极目标来。终极目标是指长期的、不变的目标,主要包括效率、公平、环保、安全等,是改革最终要实现的目标。路径

目标是一种短期的、暂时的目标,是为了实现终极目标而制定的一些具体的实现方式,是在一定的政治、经济、技术条件下实现某个终极目标的途径。当政治、经济、技术等条件发生变化时,已设定的路径目标可能偏离终极目标,此时必须结合变化及时调整路径目标,使其与终极目标保持一致。

例如,可再生能源全额消纳政策的终极目标是环保,但执行中会采用路径类目标代替,如提高可再生能源发电比例、降低弃电率等。虽然在可再生能源比例较低时两者一致,但随着可再生能源比例的增加,仅提高可再生能源的比例可能反而会增加电力系统的整体碳排放。欧洲关于可再生能源优先发展的一些政策已经被证明在有些情况下增加而非降低了电力系统整体的碳排放,表明路径类目标和终极目标可能不一致。降低电价、放开发用电计划等其他路径类目标也存在类似情况。

最优化理论中的目标和约束可以相互转化,电力市场中的目标和约束同样可以转化。不同目标之间可能存在不一致甚至矛盾,如何兼顾不同的目标,是电力市场设计中面临的一个关键问题。

(1)效率。电力市场改革的根本目标是提高电力系统资源的配置效率,实现社会福利最大化。效率包括短期效率和长期效率。

(2)公平。公平主要考虑社会福利在不同市场主体之间的分配,即如何在不同进入时间、不同区域、发输配售不同环节、不同发电类型的市场参与者之间分配。公平和效率两个目标之间的协调是市场设计中最主要的问题之一。市场设计中可以将公平目标转变为约束,通过产权分配来解决福利分配方面的一些问题,包括输配电定价、输电权分配、政府授权发电和用电合约等形式。

(3)环保。广义上,环保也可认为是效率的一部分,但因环保问题的外部性,排放相关的市场、定价机制不完善,常将其作为电力市场中单独的一个目标。目前主要有两种解决思路,建立碳排放市场、绿证交易市场等额外市场或将可再生能源消纳等作为强制约束。

(4)供电安全、可靠性与电能质量。作为电力系统运行的首要约束条件,这些目标通常以约束的形式出现,可以采用弹性约束[7]的形式,并通过惩罚因子的设置使其成为成本目标的一部分。[8]

(5)能源供给安全等战略目标。电力是关系国计民生的行业,电力市场改革不可避免地会受到国家能源战略政策的影响,在市场设计中可以将其作为一种特殊的约束。这种目标造成的成本、不平衡资金应在尽量大的范围内分摊,减少对市场价格信号的影响。

(三)浙江电力市场建设总体框架

在初期阶段,浙江电力市场主要由现货市场和合约市场组成。现货市场以电源侧单边起步,目前主要包括省内统调电源(新能源除外);售电公司则通过中长期交易积累市场经验,条件成熟时逐步进入现货市场。[3,8]

由前述已知,现货市场包括日前市场($D-1$ 日决定机组组合)和实时市场(D 日安排实际出力)。在日前市场中,机组和负荷双边报价[9],优化目标是社会福利最大;实时市场则是机组报价的单边市场,优化目标是全网购电成本最小。日前市场出清结果具有金融性质,只有财务结算意义;实时市场出清结果具有物理性质,必须调度执行。日前市场和实时市场均进行主能量和备用辅助服务的联合优化,但是日前市场计算出的备用价格只有指示意义,并不用于实际结算,而实时市场计算出的备用价格将用于实际结算。自动发电控制(Automatic Generation Control,AGC)调频辅助服务市场在实时市场前1小时运行,属于顺序出清的范畴。

浙江电力现货市场机组执行所在节点的节点边际电价,负荷执行所有节点以用电量为权重的加权平均节点边际电价,因此,全网负荷都是统一价格。这种做法可以避免负荷出于电价考虑的大量转移,有利于市场初期的平稳起步。同时,由于负荷侧支付的电费总额并未改变,阻塞盈余未受到影响。

浙江电力现货市场进行考虑安全约束的机组组合和经济调度计算,机组报价是标准的三部制报价——电能报价、机组启动成本和机组空载成本。三部制报价的最大好处是确保进入机组组合的机组所有成本都能得到补偿,有利于鼓励发电容量的长期投资。

在合约市场中,交易双方形成带时标的电力合约,初期主要为政府授权差价合约、市场化双边合约等,按照年度、月度和月内不同频次开展,通过双边协商、集中竞价、挂牌摘牌等方式确定价格,用以平抑现货市场价格波动。

四、我国电力市场建设面临的主要问题

随着能源转型和市场化改革逐步向纵深推进,我国电力市场建设面临着一些问题,如计划与市场的衔接、新能源如何参与市场,以及省份间、省份内市场的统筹等。[4]

(一)计划与市场衔接

我国将长期保持计划与市场并存的格局。在市场环境下,政府保留必要的优先发用电计划,以保证电力基本公共服务供给、促进清洁能源充分消纳,通过市场化交易方式逐步放开其他发用电计划。

(1)优先发电和优先购电政策保障的出发点不同,客观上导致发用规模不匹配。

①居民、农业、重要公用事业及公益性用电为优先购电用户。

②优先发电则主要保障清洁能源消纳、机组供热和安全运行所需的调节性发电、跨地区跨省份资源配置等需求。

③目前电网公司经营范围内优先购电占比接近34%,优先发电占比约66%,发用两侧放开比例也不匹配。

(2)优先发电和优先购电规模不匹配将带来市场空间不匹配、市场主体利益协调困难以及不平衡资金疏导等问题,影响市场电量在交易、结算、偏差考核等环节的规则设计。因此,需要妥善设计相关机制,做好计划放开与市场交易、输配电价等的衔接。

(3)按照“固化优购、匹配优发”的原则促进优先发电和优先购电电量空间匹配。

①分省份确定优先购电规模,按规模匹配优先发电并执行“保量保价”政策。

②富余优发部分,通过中长期交易按市场化方式实现优先发电;中长期协议未满足安全及供热需求的,通过基于安全约束的市场交易机制予以满足。

③如果优先发电不满足优先购电,由本省份常规电源按等比例保障原则补充。

(二)新能源相关市场机制规划

(1)电力市场机制设计新要求

我国新能源装机规模居世界第一位,局部富集地区装机占比超过40%,高比例的新能源对电力市场机制设计提出了如下新要求。

①新能源保障性收购和参与市场有效协调。

②科学构建与新能源发电特性相匹配的市场机制。

(2)推动新能源参与电力市场的思路

①科学确定新能源保障收购年利用小时数,超出部分进入市场。

②平价或具有价格优势的新能源作为优先发电全额保障性收购。

③建立可再生能源发电配额制、保障性收购政策与市场交易有序衔接机制。

④优化存量可再生能源补助资金管理,财政补助资金单独核定和管理,不再与上网电价挂钩。

(三)省份间与省份内市场统筹

与上一轮电力体制改革不同,这一轮改革以各省份的市场建设为起步,而不是建设区域市场[9],建设有利于资源大范围优化配置的电力市场是未来的发展趋势。

(1)发电侧市场力将限制各省份市场的进一步开放

经营性电量的全面放开,将促成供需不对称的市场结构,发电侧的市场力日益显现,孕育着较大的市场风险。在以省份为实体的市场格局下,供给侧的寡头垄断格局将限制各省份电力市场的进一步开放,导致市场机制失灵。

(2)各省份规则的差异性将产生交易壁垒

各省份根据其各自的情况和网情,设计了不同模式的电力市场交易体系,这必然将增加跨省份市场之间的衔接难度,形成制度差异下的交易壁垒,省份间的市场流动性将受到限制。

(3)新能源需要以市场的方式在更大范围内消纳

由于新能源发电具有随机性和波动性,只有在日前及更短时序内(现货市场上)才能较为准确地预测新能源发电。随着新能源发电比例的不断提升,现货市场的交易量将不断放大,现货市场是促进能源转型的市场交易品种,也是促进新能源消纳的重要途径。

然而,仅通过省份内现货市场的建设仍然不足以满足消纳新能源的需求。我国新能源发展呈现明显的不均衡分布且远离负荷重心的特点。若仅通过省份内现货市场消纳新能源,对新能源大省来说,将进一步加剧省份内净负荷曲线的恶化,给省份内电网的运行增加负担;对负荷大省来说,则无法使用到费用低廉的新能源,电价居高不下,难以实现市场的资源优化配置作用。

因此,必须在更大的范围内考虑新能源间的互补,将来自东北、西北、西南的新能源通过区间联络线传输到负荷重心的东南沿海省份,实现对新能源的高效协同消纳。

(4)大水电、大核电、大火电需要在更大的市场上消纳

建设大水电、大核电和大火电是国家能源发展战略,如何用市场配置这些资源是跨地区跨省份市场首要解决的问题。目前,在广东市场上,外来电作为边界条件,不参与市场的竞争,但外来电通过影响广东电力供求关系的变化,进而改变广东市场出清价格;浙江省将外来电作为价格的接受者参与浙江电力市场,外来电并不参与报价。

上述措施都是权宜之计,迫切需要建设以大水电、大核电、大火电为供给,以各省份用电为需求的跨地区跨省份市场。在这一市场上,所有的省份通过竞价获得大水电、大核电、大火电的供给;所有大电源都要通过竞价上网获得市场份额。除了点对网、输电通道独立的电源外,所有电源都应该通过竞争的方式参与跨地区跨省份的市场,让有限的电力商品产生最大效用。

近期,全国统一电力市场宜以省份间、省份内"统一市场、两级运作"起步。省份间市场定位于保障国家能源战略实施,实现大范围资源优化配置,促进可再生能源消纳;省份内市场定位于通过优化省份内资源配置,保障电力电量供需平衡和安全供电秩序;省份间交易结果作为省份内的边界条件。

五、电力市场建设方向

当前,我国电力市场建设已由顶层设计转向实施落地。电力市场总体框架和建设方向已经明确,但具体如何建设仍不清晰,市场模式选择及交易品种设计尚存在诸多问题,其中现货市场的建设尤为关键。

(一)市场设计方面

按照"统一市场、两级运作"的建设方案,省份间和省级电力现货市场将是发展方向。在功能定位上,省份间市场承担电力资源优化配置的调节性作用,省级市场承担电能最终平衡者的基础性作用。在一定程度上,省级电力现货的发展直接关系到统一电力市场建设的成败。[10]

目前,电力现货市场试点省份正在积极推进长周期结算试运行,非试点省份市场方案也在加紧研究讨论。结合长期调度运行经验,对省级电力现货市场提出以下市场设计建议。

(1)市场初期审慎设计主辅联合出清市场

由于机组提供电能量产品和提供调频、备用等辅助服务产品能力之间的物理联系，主辅联合出清是发展方向。在现货市场的起步阶段，市场主体可参考报价的市场数据需逐步积累，且在主辅联合出清模式下，机组报价需考虑两个市场的相互影响，如参与辅助服务市场的机会成本等，而机组的市场意识和报价能力还比较弱，因此主辅联合出清在增加优化计算量和技术支持系统复杂性的同时，也增加了机组报价的难度。随着现货市场的发展，市场主体参与市场的能力和意识均会逐渐成熟，将能更好地发挥主辅联合出清的优势。

如何统筹当前和长远的关系，把握好不同辅助服务的市场化节奏，对各省级现货市场建设提出了挑战，而是否阶段性地采用解耦出清、报量不报价等过渡方式，更是需要针对各省份情况进行具体分析。

(2)市场初期的电价形成机制设计需因地制宜

省级电力现货市场应根据电网实际阻塞情况，统筹好计划与市场、当前与长远、省份内与省份间、中长期与现货之间的关系，总体设计、分步实施，因地制宜选择适合本省份实际情况的电价形成机制。

电网基本无阻塞的省级市场宜采用全网统一出清电价；电网阻塞集中在少数潮流断面的省级市场建议采用分区电价；阻塞严重、阻塞潮流断面多的省级市场考虑采用节点边际电价。浙江电网阻塞常发生在浙北、浙南和浙中三个区域联络线上，发电侧宜采用节点边际电价进行结算。同时，需要兼顾市场培育过程，起步阶段可以采用市场成员容易理解和能够认同的电价形成机制，形成市场成员的共识和合力。

(3)市场初期必须采用多结算系统

目前，年度计划电量在国内大多数省份仍然存在，同时还存在大用户直购交易电量。无论是年度计划用电还是大用户直购交易电量，其实质都是一种中长期电量合约，必须分解到具体运行日的具体运行时段执行。但是电网运行约束条件众多，在实时运行时事先分解的合约电量并不能保证物理执行，此时差价合约、现金结算的电力期货等金融工具能够帮助市场参与者规避现货市场风险，且上述产品并不需要进行物理交割。与此同时，考虑到中长期电力交易的平稳性，建设初期可以保留部分实物合同过渡，中期以差价合约为主，远期可逐步过渡到电力期货和期权等标准化合约，以增加中长期交易的流动性。但无论近期、中期还是远期，为了促使市场成员认真对待中长期交易，发挥其“压舱石”的作用，中长期市场在结算上应是有效的，与日前市场和实时市场形成一个多结算系统。

(4)市场初期不宜采用金融输电权

金融输电权属于金融衍生品，是电力现货市场发展到高级阶段的产物。金融输电权解决了节点边际电价体系下的阻塞盈余问题，但是又产生了金融输电权拍卖收入如何分摊的新问题。金融输电权拍卖极其复杂，金融输电权拍卖收入采用的分配方式会引发市场公平性问题。因此，在市场初期不宜采用金融输电权，阻塞盈余建议直接按照负荷比例返还给电力用户，这也是目前浙江电力现货市场的做法。采用直接按照负荷比例返还阻塞盈余的方法，操作简单，对市场主体的要求较低，在市场初期具有一定的优势，但各负荷的比例不能完全反映其对线路阻塞造成的影响，有必要在市场成熟后引入金融输电权。

（二）跨省份潮流及运行机制方面

浙江电网是华东交流电网的一部分，浙江电力现货市场本质上是对浙江电网进行优化，这就产生了华东交流电网统一运行与浙江电网局部优化的矛盾。浙江电力现货市场优化计算要求华东调控分中心提前给出确定的市场边界，而华东调控分中心在得到浙江市场出清结构前是无法给定这个边界的。另外，浙江电网作为华东电网的局部，不可能考虑其他省份电网运行方式的影响，但是这些影响又确实存在并且在很多情况下是不容忽视的。据此，浙江电力现货市场层面与华东电网调度运行层面必须迭代计算。尽管在市场设计时出于生产实践考虑，将这两个层面解耦，尽量避免生产流程在浙江省调和华东调控分中心之间反复，但是交流电网的高度耦合性使这种想法可能无法实现。

作为可行的解决方案，建议完善华东电网调度预计划编制机制。在浙江电力现货市场运行前，华东电网所有省份包括浙江完成预计划编制。基于全网调度预计划，华东调控分中心将联络线计划分解到母线节点并将其他省份电网影响纳入浙江电网稳定限额，浙江电力现货市场再根据这些边界条件开启运行。正常情况下，如果浙江市场出清结果与浙江机组预计划一致，则市场正常出清发布；反之，如果有显著偏差，以上流程还需在华东调控分中心和浙江省调之间迭代。

六、基于金融输电权的输电网扩展

（一）金融输电权基本理论

1. 输电权的概念

输电权是一种权利，输电权持有者可利用其在特定线路输送一定容量的电能，或是通过其允许传输的电能来获取相关的经济利益。[11] 市场交易者在购买输电权后，交易时电能的传输按照事先约定的输电价格进行，即锁定了输电费用；在输电线路堵塞的情况下，输电权使交易者优先进行电能的传输或获得不能传输部分的补偿，即具有保证电能传输的作用。根据是否拥有实际调度权利，输电权分为物理输电权（Physical Transmission Right，PTR）和金融输电权（Financial Transmission Right，FTR）两大类。

（1）物理输电权

根据签订的合同路径，物理输电权的持有者拥有分配输电线路实际容量的权利。但是由基尔霍夫定律可知，所有输电线路相互连接构成整个输电系统，电能在输电网中的流动并不会按照合同制定的路径进行。同时,电力交易时刻都在发生,交易中心想要为每个交易计划分配相应的物理输电权也非常困难,会限制电力交易的灵活性。而物理输电权所强调的优先调度权利也会影响整个系统的调度,对系统的安全稳定运营产生不确定性影响。

(2)金融输电权

金融输电权是一种风险管理的金融工具,市场交易者事先购买输送线路的金融输电权,当输电线路发生阻塞时,只需要支付相应的输电费用,不需要为消除输电阻塞而支付额外的费用,这样能够将输电价格维持在稳定的水平,避免了交易风险。金融输电权与物理输电权最大的差别在于,金融输电权以区域的节点边际电价的差值与输电量的乘积作为相应的经济收益权,代替了物理意义上的输电线路使用权,实现了所有权和运营权的分离。

考虑到电力商品的特殊性——电力供需应实时平衡,金融输电权的合约必须设定电力交易输送的时间,至少精确到小时;再者,电力的输送通过物理输电线路来完成,因此金融输电权合约中也必须要明确电能的送出节点和送入节点。

2. 金融输电权的原理

金融输电权可分为义务型金融输电权和期权型金融输电权两种。

(1)义务型金融输电权

假设输电系统共有 N 个节点,义务型金融输电权的电能送出节点为 j,送入节点为 i,那么节点(i,j)间的第 k 条线路的义务型金融输电权为:

$$FTR_k=\begin{Bmatrix}0\\-g_i\\\vdots\\d_j\\0\end{Bmatrix} \qquad 2.1$$

电能送入节点 i 的流入量为 $-g_i$,电能送达节点 j 的流出量为 d_j。假设线路损耗可以忽略不计,则有 $g_i=d_j$,表示流入节点流入的电能等于流出节点流出的电能。令 p_t 为 t 时刻市场中各节点的节点边际价格向量,则金融输电权的收益为:

$$p_tFTR_k=p_t\begin{Bmatrix}0\\-g_i\\\vdots\\d_j\\0\end{Bmatrix}=p_jd_j-p_ig_i=(p_j-p_i)d_j \qquad 2.2$$

义务型金融输电权从经济收益的角度能够进行叠加或者分解,方便在拍卖市场中进行交易。

(2)期权型金融输电权

期权型金融输电权含有期权的基本特点。当金融输电权在合同中定义的潮流方向与阻塞线路潮流方向同向时,其预期收益为节点边际电价的差值;当金融输电权在合同中定义的潮流方向与阻塞线路潮流方向反向时，其预期收益为0。由此可见，期权型金融输电权相当于锁定了最低收益。由于期权型金融输电权并不会出现负债，故无法像义务型金融输电权一样进行分解或叠加。

3. 金融输电权的意义

自电力体制改革以来，电力市场逐步引入竞争，区域间的双边交易逐渐增多，随之而来的是区域间的输电线路频繁出现输电阻塞问题。在输电阻塞严重的情况下，输电网规划建设的重要内容就是如何降低或规避市场风险。目前，在电力交易市场中引入金融输电权交易机制是各市场化水平比较高的国家常用的输电阻塞管理办法。基于区域的节点边际电价，在电力市场中建立金融输电权交易市场的意义主要有以下几点。

（1）适应市场环境下阻塞管理的要求

金融输电权机制主要是通过输电权的经济收益权解决输电阻塞问题，并不影响输电网实际运输能力的调度权。金融输电权的所有者在满足自身电力交易的需求后，通过金融输电权市场对输电容量进行合理分配，实现资源的最优配置，有利于输电网的高效使用和合理规划。

（2）阻塞风险规避

区域的节点边际电价通常会发生较大的波动，致使输电堵塞费用具有不确定性，故需要某种管理风险的金融工具保障电力交易双方能够规避输电阻塞的风险。而金融输电权凭借其经济收益权能够进行套期保值，进而控制阻塞风险。

（3）阻塞盈余分配

电力交易市场是基于区域的节点边际电价而设计的，在区域间进行电力交易会发生输电阻塞，随之而来的就是堵塞盈余分配的问题，市场交易机制的设计应充分考虑如何合理分配堵塞盈余。金融输电权的经济收益权可以将输电堵塞盈余分配给电力交易双方，由市场机制来维护市场公平。

另外，在保证优先使用廉价优质电力的同时，输电市场还应能够通过价格信号来引导输电容量投资或是发电容量投资。如果金融输电权交易机制设置合理有效，金融输电权的拍卖价格应该能够准确识别出输电线路的短板，并吸收投资来缓解或消除输电阻塞。

（二）我国输电网项目投资情况

输电网是电力系统的主要网络，连接着生产和消费两端，是整个电力市场不可或缺的部分。由于输电网具有较强的自然垄断性，如果有两家及以上的企业进行输电网建设，必然会造成资源的浪费。电力产业作为国家基础结构的重要组成部分，输电设施具有极强专用性，市场退出壁垒高。同时，电力产业属于公共事业的范畴，输电网的规模应使电网能够覆盖到某些偏远地区的安全用电。

电力行业的技术特征决定了电力市场不是完全竞争的市场，而是属于典型的寡头垄断竞争市场。输电网项目的投资规划关系着输电网的安全运行，不管是输电网的规划还是决策方案的选择,电网企业考虑的是社会的整体福利效益最大化,首先应解决社会用电安全问题,其次才是资源利用最大化等经济性问题。

1. 输电网扩展投资特征

电力的生产、输送、分配、交易和消费必须同时完成,这需要大规模、先进的输电设备系统和分布广阔的输电网系统来保证。输电网项目的投资是资金需求量大的大型产业链投资,也是技术密集型的项目投资。但是由于电力行业的长期垄断,国内一般的企业大部分没有参加过输电网项目建设,只能从头开始,一边摸索一边学习。再者,投资回收期长、投资金额大、电力政策多变性和市场不可控性,导致输电网投资企业的投资风险水平有所提高。下面对输电网扩展投资的特征进行具体分析。

(1)投资长期性

输电网扩展项目的建设过程比较复杂,通常需要比较长的时间。而对于不同线路、不同长度、不同等级的输电网扩展项目,其建设所需的时间相差较大。一般来说,由于特高压输电网线路大多是跨地区跨省份建设,距离比较长,这一类项目建设所需时间最长;相对而言,超高压输电网项目建设所需时间较少。同时,由于输电网具有较强的专用性,一旦投资则很难退出,固定资产沉没成本的回收期大多是20年以上。

(2)投资金额大

投资输电网扩展项目对资金的要求比较严苛,所需资金动辄千万元以上,更有甚者为亿元以上。跟普通项目不同的是,输电网扩展项目一旦开始建设,企业就会全力以赴,以确保输电网扩建能够早日投产进入回收期。企业的自有资金和银行贷款组成了输电网扩展项目的建设资金,如果企业资金链出现问题,那么巨大的资金压力将威胁企业的生存。总之,输电网扩展项目投资一旦开始就没有回头路。

(3)设备专用性高、技术难度大

输电网线路在进行技术改进和线路升级时,旧设备要么被闲置,要么被变卖处理,设备的重新购置费用在整个项目资金中占有较大比例。再者,输电网扩展项目的建设需要大量技术支持,如勘测、基建等。大部分发电厂建设在较为偏远的地区,其输电网线路需要单独进行建设,投资企业需要根据地势、环境等因素,进行大量的实地勘测才能设计得到合理的线路走廊,这导致输电网扩展项目投资的技术难度较大。

(4)经济依赖性

电力工业的生产、消费在很大程度上受国民经济的影响,电力投资特别是输电网线路的投资需要与国民经济形势相协调,以防止对电力企业造成负面影响。

(5)影响因素多

输电网扩展项目的建设涉及因素众多,如政治、经济、社会、技术、自然环境等,而回收期越长,相关因素的影响就越大。项目的效益也受到施工建设质量的影响,项目施工运行的工作质量和效率越高,将会越早进入成本回收期。只要有任何一方面没有考虑到或是考虑不周,都会埋下项目投资计划失败的隐患。

(6)决策难度大

由前述已知,输电网扩展项目的建设要考虑多个方面的因素,再加上投资者对投资的期许和风险的偏好不同，都极大地影响了输电网的规划结果。又由于电力市场主体具有较为复杂的利益关系，投资者想要对有限的资源进行最合理的配置从而满足多方目标的要求，存在相当大的难度。

2. 影响输电网扩展投资决策的因素

在实际情况下，输电侧引入市场资金，但输电网的整体规划与建设还是在政府或者电力监管部门的监管之下，故输电系统整体的安全可靠性有保障。输电价格、输电监管等都会对输电网扩展投资决策产生影响，下面将对其进行分析。

(1)输电价格

对整个电力市场来说，输电价格的合理性能够确保公平竞争、维持市场秩序，一旦输电价格有所偏颇，将破坏市场的稳定性，进而影响整个输电网的可持续发展。采用哪种定价方法、价格如何，将影响电网公司的经营方式，决定其如何收回投资、能否收回投资。合理的输电价格应该引导构建合理稳定的输电网结构，如果输电堵塞线路的输电价格定得比没有输电堵塞的输电价格要高，就能激励电网公司在输电网薄弱处进行输电网扩展，这是无差别定价方式所不具有的功能。

在市场条件下，电力市场中的交易双方以电力负荷区域的实际价格进行交易，输电网扩展投资采用节点边际价格。如果不考虑线路潮流约束，或者线路容量可以满足所有的电力交易，则各区域的节点边际价格都相同，以该区域发电机组的最高边际成本作为该区域的边际价格，此种情况下，输电网不会出现输电阻塞的现象。但是，一旦电力传输受到输电网线路容量的限制，各个区域的节点边际价格就会有所不同，进而产生输电堵塞成本。

输电堵塞是指输电系统受到线路容量的限制，在保证输电系统安全稳定运行的情况下无法同时满足市场中所有交易电力的状态。输电堵塞成本是为了消除输电堵塞所产生的额外成本。从数理模型上讲，某区域的节点边际价格指的是该区域所需额外的电能所对应的边际成本。或者，满足该区域的电量平衡约束的对偶影子价格，即该区域的输出电量等于注入电量。

(2)输电监管

由于输电系统的自然垄断特征，即便放松管制、引入市场竞争，仍然需要对输电网的整体规划和运行情况进行监管，以保证输电侧的开放市场是一个公平竞争的市场。放松管制后，电力产业的垂直一体化模式被打破，发、输、配、售环节实现分离。随着输电市场的开放，市场上任何主体都可以参与输电网扩展的投资，如低价区域的发电企业、高价区域的大用户或是各种中间代理商等，使投资趋于分散。在这种开放的市场投资过程中，电力监管机构不会对每个输电网扩展投资方案进行详细的成本效益分析，更多的是对输电网线路的一般过程进行监管。电力监管机构应该对市场投资者进行无差别对待，准许任意投资者都能够参与输电网扩展项目的投资，保证输电网扩展投资机制发挥应有的效果。

电力监管机构必须给市场投资者提供一些必要的信息，如区域的节点边际价格，投资者通过该价格判断项目的边际效益情况。同时，电力监管机构通过解决输电所有权的问题,使输电网的协调规划过程达到适当平衡的位置。电力监管机构管理市场成员的进入,能防止市场力的滥用,同时保证输电网安全稳定运营。投资者们在输电网扩展项目中投入资金,在拥有输电权的同时也承担了运营风险,并且没有某些权力,比如输电定价权。

(三)金融输电权对输电网扩展的影响

1. 金融输电权对输电网投资的引导

金融输电权的市场价格能够准确体现输电线路的阻塞价值,即反映该线路的输电需求和稀缺程度,市场成员参与金融输电权的市场拍卖交易的目的是规避自身交易存在的阻塞费用。电网公司或者独立运行机构通过金融输电权市场的交易价格和交易量来获取需求的分布情况,进而引导输电网的合理规划。

2. 金融输电权对输电网扩展的激励

输电网线路在扩展建设后会增加相应的金融输电权,对增加部分的合理分配会进一步激励输电网扩展投资。输电网扩展建设一旦完成,输电网阻塞将得到消除或缓解,从短期来看,金融输电权的所有者并不会获取额外的阻塞费用。但是,随着电力需求的增加,扩展后的输电网线路将再次发生堵塞,电力交易双方的阻塞费用将变为金融输电权所有者的阻塞收益。

金融输电权通过定义为非物理性的所有权利,并且把传输所有权与传输的效益相结合,给市场参与者带来足够的经济激励。如果没有金融输电权,用户输电线路的发电商将会面临自己投资建设输电线路而别人获利的风险。

七、输电网规划方案的风险评估

电网规划本质上是一个组合优化的决策过程:在一定的投资资金限制下,从待选电网规划项目集合中选出能满足不断增长的供电和输电需求,并使系统成本最小的规划项目组合。[12]目前的输电网规划项目组合优选方法分为经济技术比较方法和数学模型方法。在工程实际中,大多仍采用经济技术比较方法,即由规划人员根据经验提出几种可行的项目组合方案,通过技术经济比较选出推荐方案,这种方法主观性较强,备选方案中并不一定包含客观上的最优方案。

近年来,随着经济快速增长和经济结构转型,电力需求越来越大,电力负荷结构也发生了显著变化,对电网的供电能力和供电可靠性提出了更高的要求。再者,由于电力市场化改革的不断推进,输配电价机制改革使电网盈利模式发生改变,这将倒逼电网提升投资效率和运行效率;售电侧改革、需求侧管理技术的采用、电动汽车的接入,导致负荷更难预测；能源供应向“清洁高效”目标发展，导致大量新能源接入电网，为发电侧带来了更多不确定性。在这样的情况下，仅仅依靠规划人员的经验往往难以准确考虑众多不确定因素的影响，导致输电网规划项目组合方案在实际运行中不再是最优，给输电网规划项目的组合优化工作带来巨大的挑战。

数学模型方法是将输电网规划项目组合优选问题归纳为数学模型，然后通过一定的算法求解。这种方法在理论上能保证给出数学上的最优解，但考虑到电网规划的变量较多且约束条件复杂，一般在建立模型时需要对模型进行简化。目前利用数学模型方法进行输电网规划亟须解决三个问题：一是经济性和可靠性的权衡问题，较小的投资成本可能使系统供电能力面临较高风险；二是如何准确量化不确定因素带来的风险问题，其中又包括如何选择合适的不确定性因素建模方法，如何选取合适的风险指标等；三是输电网规划项目组合优选模型的求解算法问题，一般的输电网规划项目组合优选模型是一个混合整数规划问题。

确定性评估方法 $N-1$ 准则已经在输电网规划中使用多年并且日渐成熟，但其有两个不足之处：一是没有考虑多元件失效情况；二是只分析了单元件失效的后果而忽略了发生概率。在电力系统存在越来越多不确定因素的情况下，仅采用 $N-1$ 准则对输电网规划方案的安全可靠性进行确定性评估越来越难以满足供电可靠性的要求。而在规划阶段采用 $N-2$ 或 $N-3$ 准则将使投资的经济性变差。因此，有必要引入计及系统故障发生概率的风险评估方法，通过对风险指标的量化分析，对输电网规划方案进行合理评估。

(一)风险评估的概念

风险评估是指对不确定因素造成的影响和损失进行量化评估。风险评估是在对历史数据进行分析的基础上，综合利用概率论和数理统计的方法对由不确定性因素导致的风险事件发生的概率和造成的影响做出估计，为应对风险事件的风险管理提供依据和参考。风险评估主要包括估计风险事件将发生的次数(即风险事件发生频率)和估计风险事件将造成的损失及幅度(即风险事件损失幅度)两方面内容。

1. 风险事件发生概率

风险事件发生概率是定量反映风险事件发生次数的指标。风险事件发生概率越高，表明该风险事件发生越频繁，反之，则意味着该风险事件不常发生。由于对风险事件发生概率的估计一般是基于历史数据资料，为了更准确地计算风险事件的发生概率，要选取有代表性的历史统计数据，并且选取的时限要合理。

2. 风险事件损失幅度

风险事件损失幅度是指风险事件对评估主体造成的损失程度。风险事件损失幅度是一个具有规律性的指标，重大风险事件虽然造成的损失幅度较大，但其风险事件发生概率低；轻微风险事件虽然造成的损失幅度较小，但其风险事件发生概率较高，累计损失也不容忽视。因此,准确评估风险事件损失幅度可以为风险管理和控制提供重要的依据。

(二)风险评估的步骤

结合风险评估概念,风险评估的步骤主要包含以下两项。

(1)基于现有的历史数据或运行经验,综合利用概率论和数理统计的相关知识估计风险事件发生的频率。需要选择合适的概率分布函数来定量描述风险事件发生概率,确定与风险事件相关的不确定因素概率分布规律,主要包含以下步骤:

①收集历史数据资料;

②对收集到的历史数据资料进行归类整理,从中提取关键信息;

③根据上一步结果对不确定性因素的概率分布参数进行估计,可以根据经验进行估计,也可以采用惯性原理、中心极限定理和大数定理等方法;

④在特定置信水平下进行经验分布与理论分布的一致性校验;

⑤根据不确定因素的概率分布估计结果计算风险事件发生概率。

(2)定量分析风险事件的发生对主体造成的影响和损失。由于风险事件具有随机性,因此在对风险事件损失进行分析时也应该利用概率论和数理统计的方法进行分析。通常采用方差或期望值描述风险事件损失程度的概率特性。期望值描述可以直观地反映评估主体在不确定性因素影响下的风险损失平均水平;方差反映的是风险损失偏离均值变动的离散程度。用期望值和方差表示风险直观而简单,但是它无法描述尾部风险。若采用风险价值或条件风险价值进行风险评估,可以根据风险承受能力调整置信水平的大小,条件风险价值还能描述尾部风险,但其计算量比期望值和方差大。

(三)风险价值和条件风险价值

1.风险价值

在金融市场风险管理中,风险价值(Value-at-Risk, VaR)和条件风险价值(Conditional Value-at-Risk, CVaR)是广泛应用于金融资产和投资组合的风险度量工具。VaR 定义为:在正常的市场条件和给定置信水平下,一个持有期内的最坏预期损失,即该金融资产发生的损失不超过 VaR(如果概率为给定的置信水平)。在数学上,VaR 相当于随机变量的分位数,其数学描述如下:

假设 x 为决策变量,表示某一投资组合方案;随机变量为 ε ,表示市场中的不确定因素,其概率密度函数为 $p(\varepsilon)$;目标函数为 $f(x,\varepsilon)$,表示价值损失,则 $f(x,\varepsilon)$ 小于阈值 θ 的分布函数为:

$$\varphi(x,\theta)=\int_{f(x,\varepsilon)\leqslant\theta} p(\varepsilon)\mathrm{d}\varepsilon \tag{2.3}$$

对于确定的决策变量 x ,针对给定的置信水平 $\beta\in(0,1)$,VaR 可描述为:

$$VaR_{\beta}(x)=\min\{\theta \in R, \varphi(x,\theta)\geqslant \beta\} \tag{2.4}$$

风险价值可以描述为：在给定置信水平下的最小损失值，且在数学上满足正齐次性、单调性和转移不变性。与期望值一样，VaR 也是关于随机变量的数字特征量，所不同的是，VaR 可以通过调整置信水平对风险进行调控，但其无法满足次可加性，不属于一致性风险度量，且不能描述损失超过此值的尾部情况。

2. 条件风险价值

CVaR 定义为：在给定置信水平下，损失超过相应 VaR 阈值的条件期望值。在数学上，CVaR 相当于随机变量的超分位数，其数学描述为：

$$CVaR_{\beta}(x)=E[f(x,\varepsilon)\mid f(x,\varepsilon)\geqslant VaR_{\beta}(x)]=\frac{1}{1-\beta}\int_{f(x,\varepsilon)\geqslant VaR_{\beta}(x)} f(x,\varepsilon)p(\varepsilon)\mathrm{d}\varepsilon \tag{2.5}$$

CVaR 能够从风险角度描述随机变量带来的影响，与期望值相比，CVaR 有着与 VaR 一样的优点。除此之外，CVaR 在数学上还能满足正齐次性、单调性、转移不变性和次可加性，属于一致性度量。

对于概率密度函数较复杂或难以准确获取概率密度函数的随机变量，$VaR_{\beta}(x)$ 较难计算，所以较难利用上式计算 CVaR，为此可利用蒙特卡洛模拟法对 CVaR 进行估计，计算模型如下：

$$\text{obj:}\quad CVaR_{\beta}(x)=\min\left\{Z_0+\frac{1}{N(1-\beta)}\sum_{i=1}^{N}z_i\right\} \tag{2.6}$$

$$\text{st:}\, z_i \geqslant f(x,\varepsilon_i)-z_0$$

$$z_i \geqslant 0,\ i=1,2,\cdots,N$$

式中，z_0 和 z_i 为辅助变量；N 为样本点个数；$f(x,\varepsilon_i)$ 为第 i 个样本点的目标函数值。

八、国外电力现货市场建设的逻辑分析及对我国的启示与建议

现货市场通常专指商品即时物理交割的实时市场。[13] 考虑到电力商品交割的瞬时供需平衡特征，电力市场往往将现货市场的时间范围扩大到实时交割之前的数小时乃至一日。因此，本节讨论的电力现货市场，其时间范围包括系统实时运行日前一天至实时运行之间。电力现货市场一般采用统一出清的方式，由市场成员自愿参与申报，并对所形成的交易计划进行实物交割和结算。现货市场的重要意义总结如下。[14]

(1)可在一个合适的时间提前量上形成与电力系统物理运行相适应的、体现市场成员意愿的优化的交易计划。

(2)以集中出清的方式促进了电量交易的充分竞争，实现了电力资源的高效、优化配置。

(3)实现了市场价格形成的功能，可真实反映电力商品短期供需关系和时空价值，为

有效的投资和发展提供真实的价格信号。

(4)为市场成员提供了一个修正其中长期发电计划的交易平台,减少系统安全风险与交易的金融风险。

(5)为电力系统的阻塞管理和辅助服务提供了调节手段与经济信号,能真实反映系统的阻塞成本,保证电网的安全运行。

为实现上述目标,现货市场建设一般包括日前市场、日内市场和实时市场三个部分中的部分或全部,三个市场各有其不同的功能定位,三者相互协作、有序协调,构成了一个完整的现货市场体系。日前市场是现货市场中的主要交易平台,以一天作为一个合适的时间提前量组织市场,使市场成员能够比较准确地预测自身的发电能力或用电需求,从而形成与系统运行情况相适应的、可执行的交易计划。日前市场往往采用集中竞价的交易方式,有利于促进市场的充分竞争,并发挥市场机制的价格形成功能。日内市场的主要作用在于为市场成员提供一个在日前市场关闭后对其发用电计划进行微调的交易平台,以应对日内的各种预测偏差及非计划状况,其交易规模往往较小。而随着更多间歇性新能源的大量接入,其在日内发电出力的不确定性会大大增强。此时,日内市场可以为新能源参与市场竞争提供机制上的支持。实时市场则往往在小时前由调度中心组织实施,非常接近系统的实时运行,因而其主要作用并不在于电量交易,而在于为电力系统的阻塞管理和辅助服务提供调节手段与经济信号,真实反映系统超短期的资源稀缺程度与阻塞程度,并形成与系统实际运行高切合度的发用电计划,保证电网的安全运行。

然而,从当前世界各国的电力市场建设实践看,尽管对于现货市场的重要性都有共识,但是在具体的构建方式上却存在着较大差异,在交易标的、交易体系、出清方式、物理模型、价格机制等方面有着截然不同的设计。因此,亟须通过全面的比对分析,对电力现货市场建设的内在逻辑与关键问题进行深入探讨,从而为我国下一步的电力市场化改革提供有益的决策依据。

现有的介绍国外电力市场的文献大多聚焦在整个电力市场体系建设上,或关注在各个具体问题上,如价格机制[15]、市场运行与竞争[16]、出清模型、清洁能源消纳等方面,或是将现货市场分成日、小时等不同的交易断面,对每一个单独的交易断面进行聚焦分析,未将日前、日内、实时市场作为一个完整的对象加以研究;或是仅从某一国家(地区)入手来分析其电力市场的模式与运行情况,未比对、分析不同国家(地区)电力市场之间的差别[17];或未针对现货市场模式差别的本质原因与内在逻辑进行深入分析。当前,我国正积极推进以大用户直购电为突破口的、旨在引入售电侧竞争的电力体制深化改革,随着大用户直购电的深入开展,中长期双边交易的市场化和现货交易的非市场化之间的矛盾会日益凸显,将表现在交易衔接、电网调峰、新能源消纳、发电计划执行、阻塞管理、实时平衡等各个方面。

因此,为探究电力现货市场建设的普遍规律,明确其模式选择与机制设计的内在逻辑,提高市场各方对于电力市场建设复杂性的理解和认识,本节将聚焦关注电力现货市场的构建问题。首先,基于国外主要电力市场现货市场实践进行横向比对,分析不同市场的建设理念与构建逻辑;其次,提炼电力现货市场建设当中的一些关键问题,就其交易标的、交易规模、出清方式、物理模型、价格机制等方面进行深入的分析与探讨,在此基础上，进一步结合我国的实际情况，为构建具有适应性的电力现货市场提出有益的建议。

（一）国外电力现货市场的比对分析

1.美国PJM电力现货市场

美国电力市场包括PJM、加州、德州、纽约、新英格兰和中西部六个市场区域，本节以PJM电力市场为例进行分析。PJM运行的电力市场包括电力现货市场、容量市场、调频市场、备用市场和金融输电权市场。中长期双边交易由市场成员自行协商确定，电力金融交易则主要在纽约商业交易所和美国洲际交易所进行。

（1）现货市场构成及其交易标的

PJM的现货市场由日前和实时两级市场构成，各级市场的交易标的均包括电能和辅助服务（备用与调频）。其中，日前市场实现了电能与备用的联合出清，市场成员可在12:00前进行投标，12:00市场关闭，16:00完成出清计算并公布交易结果。实时市场则实现了电能、备用与调频的联合出清，市场成员可于16:00—18:00之间对次日不同时段进行投标，市场将于次日实时运行前滚动出清。

（2）现货市场的交易规模

PJM现货市场采用“全电量优化”模式。在日前市场上，发电商需要申报其所有的发电资源与交易意愿，市场将其与全网的负荷需求进行匹配，通过出清计算形成发电商的日前交易计划，并按照日前的节点边际电价进行全额结算。因此，可以认为日前市场的交易量即为全网交易量的100%。发电商对于其此前在中长期阶段所签订的双边交易与自供应合约，可以在投标时进行标识，即此部分电量将在出清时保证交易；双边交易与自供应合约的结算由购售双方自行完成。以2012年为例，在日前市场“全电量优化”的交易“盘子”中，约72.0%的比例被标识为自供应合约，约6.8%的比例被标识为双边交易合约，其余约21.2%的比例则由日前市场的交易出清确定。

实时市场同样采用“全电量优化”的模式，在实时运行之前，根据最新的预测与系统运行信息对全网的发电资源重新进行全局优化配置（基于日前封存的交易申报信息）。所形成的实时交易计划与日前交易计划将存在差异，对于此偏差部分的电量，将按照实时节点边际电价进行增量结算。一般的，实时市场交易量大概是日前市场的1%～2%。

（3）出清计算与物理模型

PJM的日前市场与实时市场，在进行出清计算时均精细化地考虑了实际的物理网络模型，并要求发电商申报其机组运行的物理参数，包括开停参数、额定容量、爬坡速率等。日前市场的交易出清本质上是一个电能、备用联合出清的安全约束机组组合（Security Constrained Unit Commitment，SCUC）问题，而实时市场的交易出清本质上则是一个考虑了电能、调频、备用资源相互耦合关系的安全约束经济调度（Security Constrained Economic Dispatch，SCED）问题。因此，现货市场的出清计算即可形成可执行性较好的发电计划，与实际运行的差异较小，有利于确保电网运行的安全性。

(4)现货市场的价格机制

PJM的日前市场与实时市场均采用节点边际电价(Locational Marginal Price,LMP)机制,辅助服务则采取全网边际出清价格的定价机制,不区分节点差异。

(5)市场力抑制机制

PJM在现货市场上构建了体系完备的市场力抑制机制,以规避市场成员的投机交易行为,确保市场的有序竞争,具体包括事前的市场力检测与抑制机制,如三寡头垄断测试(Three Pivotal Suppler Test,TPS)、基于成本的投标机制和资源短缺性限价等。

2. 英国电力现货市场

英国电力市场主要开展场外的双边交易、场内的标准合约交易、日前的电子交易以及实时的平衡机制。电力金融交易则主要在阿姆斯特丹电力交易所(Amsterdam Power Exchange,APX)和纳斯达克交易所(National Association of Securities Dealers Automated Quotations,NASDAQ)进行。

(1)现货市场构成及其交易标的

英国现货市场由日前的电子交易和实时的平衡机制构成,其交易标的均为电能。辅助服务则多在较长的时间提前量上(月前至日前)开展,由英国电网公司的调度中心(National Grid Electricity Transmission,NGET)负责购买,可通过签订双边合约或集中招标的方式实施。

日前的电子交易由两个电力交易所分别组织,即APX和北欧与纳斯达克联营现货电力交易所(Nord Pool Spot and NASDAQ OMX Commodities,N2EX),市场成员自愿选择并参与,因此电力交易所之间存在着竞争。APX组织的电子交易于日前10:50关闭,11:50完成出清计算并公布交易结果;N2EX则在日前9:30闭市,并于10:00前向市场公布出清结果。平衡机制由NGET负责组织,从日前11:00开始,市场成员申报其次日的初始发用电计划曲线,以及次日各时段的计划调整报价(bid & offer),申报于实时运行前1h关闸(gate closure)。此时,市场成员的初始发用电计划曲线更新为最终发用电计划曲线(此期间,市场成员可进行修改)。随后,NGET将依据市场成员的调整报价信息,以再调度成本最低为原则对电网进行平衡调度;与此同时,NGET也可以选择调用其此前已签订合约的辅助服务资源。

(2)现货市场的交易规模

英国电力市场以中长期双边交易为主,形成物理交割的发用电计划曲线,并提交给平衡机制,以作为增量结算的依据。传统观点一般认为英国电力市场的双边交易所形成的物理交割电量可占全网用电量的98%。更细致的分析发现,此电量大致分布在三个阶段,分别为月前的场外交易(Over-The-Counter,OTC)、月内到日前发生在电力交易所内的标准合约交易以及日前交易所组织的电子交易。以2012年为例,三个阶段的交易量占全网总用电量的比例分别为57.6%、13.9%和26.5%,而平衡机制上的交易量约占全网总用电量的2%,即现货市场交易规模的比例大致为28.5%。

(3)出清计算与物理模型

英国现货市场日前的电子交易由电力交易所负责组织,其出清计算不考虑实际的网络情况,也不考虑机组的物理参数。因此,其出清方式本质上是一般意义的集中竞价拍卖,不考虑物理约束,也不需要进行安全校核。事实上,英国的电力交易所与 NGET 基本上没有业务上和信息上的交互,也不掌握电网的实际物理拓扑信息。

实时的平衡机制则需要考虑真实网络约束,并要求发电商申报其实际的运行参数,在实施平衡调度与阻塞管理时予以考虑。因此,英国现货市场并不存在一个日前 SCUC 的环节,市场成员日前所提交的发用电计划曲线可能违背了电网、电厂运行的物理约束,这些都需在小时前的平衡机制中进行调整。

(4)现货市场的价格机制

APX 和 N2EX 所组织的日前电子交易,均采用了边际出清的价格机制,适用于交易所中所有出清的交易电量。而在平衡机制阶段,调度中心为了实施全网的平衡调度与阻塞管理,需要对市场成员所提交的发用电计划曲线进行调整,即接收竞价和出价。竞价是指机组降出力或需求增负荷的报价,出价则是指机组增出力或需求减负荷的报价。对于所接受的竞价和出价,都需进行单独结算,结算价格为该竞价和出价所对应的报价,即所谓的按报价支付机制(Pay As Bid,PAB)。

3. 北欧电力现货市场

北欧电力现货市场主要包括中长期双边交易、日前市场、日内市场、实时平衡市场等。2008 年,北欧电力交易所(Nord Pool Spot)的电力金融交易职能被剥离,转由纳斯达克交易所负责组织。

(1)现货市场构成及其交易标的

北欧电力现货市场由日前市场、日内市场和平衡市场三个部分构成,其交易标的均为电能。辅助服务的交易机制与英国大致相同,由各国输电运行机构(Transmission System Operator,TSO)负责购买,可通过签订双边合约或集中招标的方式实施。

日前市场由北欧电力交易所负责组织,是一个基于双向匿名拍卖的集中式物理交易市场,于日前 12:00 闭市,在 13:00 向市场公布出清结果。日内市场同样由北欧电力交易所负责组织,市场成员可以在日内市场上进行持续滚动的物理电量交易,直到关闸之前结束(北欧各国的关闸时间不同,大致在实际运行的 1～2 小时之间)。平衡市场则在关闸之后由各国 TSO 分别组织,其实施方式与英国的平衡机制类似,不再赘述。

(2)现货市场的交易规模

北欧电力市场同样开展了较大规模的中长期双边交易,主要以 OTC 的方式实施,所签订的双边交易需要在实际运行时进行物理交割。双边交易之外的电量则在现货市场上交易,主要集中于日前市场上,日内市场与平衡市场的交易量则相对较小。以 2012 年为例,日前市场、日内市场和平衡市场上的交易量分别占全网总用电量的 83.7%、0.8% 和 1.1%。其中,平衡市场的交易量一向比较稳定,而日内市场的交易量则呈现出一定的增长趋势,这与近年来北欧地区风电等间歇性电源的快速发展不无关系。

(3)出清计算与物理模型

北欧日前市场实现了跨国电力交易的统一出清,出清计算时考虑了不同价区(事先根据历史的阻塞情况划定)之间联络线的传输能力约束,而不考虑各个价区内部的网络拓扑关系。日内市场允许跨区交易，以利用价区之间联络线的剩余传输能力。平衡市场则由各国 TSO 负责，需要考虑各个控制区实际的网络约束与其他物理运行参数，并考虑与其相连接的联络线的运行条件。

(4)现货市场的价格机制

北欧日前市场采取分区边际电价的价格机制。近年来，随着北欧市场范围的扩大与区域间阻塞情况的加重，目前已扩增至 15 个价区。北欧电力交易所依据市场成员的投标信息，在不考虑网络约束的前提下，计算系统的无约束边际出清电价，即系统电价。当无约束出清发现区域间的传输阻塞时，则采取“市场分裂”的方式，在不违背阻塞约束的前提下分区计算各区的边际电价。

日内市场则采取撮合定价的价格机制。市场成员提交其投标竞价信息，北欧电力交易所以“价格优先、时间优先”的原则进行撮合，即首先对负荷报高价者与发电报低价者进行撮合成交，报价相同时则按先到先得的原则撮合。

TSO 在平衡市场阶段则将依据电量调整方向和报价高低对增减出力的投标分别进行排序，并依据费用最小的原则进行调度。被调用的电量将以区域的边际价格进行事后结算，分为上调边际价格和下调边际价格两个类别。

4. 国外电力现货市场建设的总结分析

从体系架构上看，三个国家(地区)分别建设了各具特色的现货市场体系，并与整个市场的顶层设计与构建理念紧密关联。市场运行的成功，在很大程度上得益于其构建理念与建设方案的适应性，并考虑了不同国家自身的资源禀赋与电网基础。美国 PJM 市场的电力供需相对偏紧，电网阻塞程度相对较重，市场有一定的集中度，在局部地区与供需较紧张时刻，市场成员存在动用市场力的空间；美国 PJM 市场强调现货市场的资源优化配置功能，实施了日前市场的“全电量优化”，同时考虑了电能与备用、调频等辅助服务资源的统一优化，并采用节点电价机制，以实施并引导电网的阻塞管理。因此，美国 PJM 现货市场的交易量大，且需要在出清计算时细致地考虑电网的物理模型，确保所决策交易计划的可行性。

英国电力市场的电力供给则较为充足、调节能力较强，且电网阻塞程度相对较轻，市场交易的经济性与电网运行的安全性可相对解耦。因此，英国电力市场更重视电能商品在中长期市场上的流动性，现货市场的定位更多为提供一个集中的电能购买平台，并允许市场成员对已签订的交易计划进行偏差修正，交易量自然较小。为此，英国电力市场将辅助服务与电能的耦合关系剥离，现货市场只交易电能，电力调度机构则负责组织辅助服务。同时，为保证市场交易规则的透明易懂，日前的电子交易不考虑物理约束，也不进行安全校核，相关因素只在小时前的平衡机制中考虑。需要注意的是，近年来，由于英格兰与苏格兰之间的传输断面出现了越来越严重的输电阻塞，现有的市场机制难以对阻塞区市场成员的“抬价”行为进行有效的规避，已经出现了一些修改市场规则的呼声。

对于北欧电力市场而言，其电力供应也比较充裕，水电装机比例高达 50%，电网阻塞主要存在于一些重要输电断面上。北欧电力市场的一个主要功能在于协调各国迥异的资源特性,提供一个高效的跨国资源优化配置平台,并各自负责本国/控制区电网的运行安全。因此,北欧电力市场为了优化配置稀缺的跨区联络线传输资源,一方面不允许在中长期进行跨价区的双边交易,从而强化了日前市场在组织跨区电力资源优化配置上的功能;另一方面,多控制区 TSO 协调调度的方式(没有统一的北欧区域调度中心),使得其难以实现像美国 PJM 一样的日前"全电量优化"(美国 PJM 只有一个统一的调度交易机构),因此,其现货市场在交易规模、物理模型、价格机制等方面的机制设计都是介于美国 PJM 与英国电力市场之间。

(二)对我国电力现货市场建设的启示与建议

美国、英国、北欧等国家均为发达国家,其电力市场建设的首要目标在于降低成本,提高效率,优化资源配置,促进清洁能源和可再生能源的消纳,实现低碳化节能减排,促进电力工业的可持续发展,保证系统的安全性和可靠性,在此基础上进一步为电力用户提供更多的选择。而对于处于发展中的中国而言,电力市场建设应当充分结合自身的基本国情、经济制度、发展阶段、资源禀赋、能源安全需要和电力工业的发展现状,遵循电力发展和市场经济规律,走中国特色的改革道路,而不能生搬硬套西方一些国家的电力市场模式。[18]

当前,我国电力工业仍处于快速发展时期,电网建设不断升级、装机容量逐步扩大、负荷需求稳步攀升,这是我国电力工业未来发展的实际情况。与此同时,我国大多数省份面临着偏紧的电力供需形势,以燃煤为主的电源结构导致了电源结构的调节能力较差,难以支撑大规模新能源并网运行,电网中仍然存在着较多的输电断面约束,阻塞发生较为频繁,这些实际情况都需要在电力市场的机制设计中予以充分考虑。

综合上述对于国外主要电力市场实践经验的总结分析,考虑到不同电力市场建设方案的适应性,建议我国下一步的电力市场化改革,应优先建设日前市场,逐步过渡建设实时市场,适时组织日内市场;加强现货市场交易出清的安全校核,在日前市场与实时市场采用一致的物理模型,规范实时市场的竞争秩序;鼓励大用户直购电签订金融合约,并对偏差电量进行金融结算;提出有效的市场力检测与抑制措施,可适应不同程度的电力供需程度与电网阻塞情况,以适度的市场干预挤出博弈空间;构建与市场体系相适应的多级结算体系。

1. 现货市场交易规模的确定

在现货市场的交易规模上,不同市场环节的交易规模是在市场培育的过程中自然形成的,与各个市场环节的功能定位、规则设计、交易成本、便利性等方面紧密相关,通过人为划定交易规模的方式进行"干预"并不科学。考虑到我国仍处于电力市场的建设初期,可通过一定的政策干预逐步放开现货市场,尤其是日前市场的交易规模。而日内市场和实时市场的交易规模则应保持较小比例,宜控制在 2%以内。

2. 现货市场的构建

在现货市场体系构建上,日前市场将作为中长期直购电交易"交割"的市场载体,并为中长期直购电交易提供“价格风向标”。日前市场所形成的发用电计划,将作为电网实时调度的重要依据,实时调度曲线与日前发用电曲线的偏离部分,将按照一定的规则进行事后结算。因此,日前市场对于我国目前的调度运行,是由于对于安全性的冲击较小,可以优先开展。同时,由于实时市场是作为连接市场交易与系统物理运行的最后一道“闸门”,需要在充分确保安全的前提下方可引入市场机制,应在日前市场成熟之后再逐步建设。而对于日内市场,则应在风电、光伏等间歇性电源比例较高的市场区域优先开展,为新能源参与市场竞争提供机制支持。

3. 现货市场出清的物理模型与价格机制

在现货市场交易出清所采用的物理模型和价格机制上,在日前市场上应充分考虑电网的实际物理模型以及机组、设备的物理技术参数,以保障日前市场交易计划与实际调度运行之间的契合度,加强日前市场的安全校核工作,并以现货的节点边际电价信号引导实施电力资源的优化配置。同时,在日前市场开展电能交易的基础之上,视备用、调频等的资源充裕程度分别组织相应的交易品种,并逐渐实现其与电能交易的耦合,最终实现主辅电能资源的一体化交易出清,从而促进电力资源的优化利用。

4. 现货市场与大用户直购电交易的协调

在现货市场与大用户直购电交易(本质上属于双边市场)的协调运行上,在大用户直购电开展初期,交易规模往往较小,其对于电网调度运行以及电力市场的交易组织影响也较小,因此可以简单地采用物理交割的方式执行。然而,当大用户直购电广泛大规模开展以后,物理交割将产生一系列问题,建议采用“大用户直购电合同交割方式”[13],即直购电交易以金融交割和结算为主,合约交割曲线与实际发用电曲线之间的偏差量则按照现货市场的价格进行结算,从而将直购电合约纳入现货市场的统一出清计算之中,实现对全网的发电资源与用电需求的统一优化匹配。同时,为了激励参与直购电交易的市场成员尽量采取金融交割和结算的方式,可以给予其在参与现货市场时一定的交易与结算费用优惠等政策。

5. 现货市场配套机制的建设

现货市场的建设还应重视相关配套机制的建设。对于电力供需形势紧张、发电侧市场集中度较大的市场区域,需要同时引入严格的市场力检测与抑制机制,以挤出博弈空间,规范市场秩序。首先,构建公平、客观的发电成本申报与核算机制,技术参数可从发电商的物理资产属性中获得,基准价格水平则可借鉴经济领域的公开信息,并确定合理的准许收益范围。其次,采用适度的市场干预措施,当市场供需紧张或出现严重的局部市场力时,对市场成员的报价与市场的出清计算进行干预,动态辨识不同市场成员的市场力,并将具有显著抬高市场价格水平的市场成员视为价格接受者。还应重视并完善市场的信息发布机制,在市场的不同时序阶段及时发布包括负荷、供应、网络、阻塞、预警、交易量、价格等全面的市场信息,以消除信息壁垒,引导市场成员进行有序竞争。最后,需同步建设与现货市场相协调的交易结算机制,采用中长期、日前、日内、实时、事后多级协调的结算体系，并建设相应的结算技术支持系统，实现对于多结算周期、多结算标的、多结算成分、多结算价格的准确计算与及时清算。

九、结语

（1）电力市场一般是指竞争性的电力交易市场，电能生产者和使用者通过协商、竞价等方式就电能及其相关产品进行交易，通过市场竞争确定价格和数量机制。电力市场由市场主体、市场对象、市场框架、市场规则、市场价格等关键要素构成。电能的真实价值用电价来衡量，主要可分为时间价值和空间价值两个维度。

（2）面对能源转型和电力系统重构的挑战，电力市场需要紧扣中央要求，遵循电力系统的基本原理和技术规律，贯彻落实电网安全运行、推动清洁低碳转型、促进大范围优化配置三项基本原则，通过市场机制引导构建科学合理的电源和电网结构，推动电力系统的能源链、信息链和价值链重塑，促进现代电力系统的科学发展和协调运行。

（3）随着能源转型和市场化改革逐步向纵深推进，我国电力市场建设面临着一些问题，如计划与市场的衔接、新能源如何参与市场，以及省份间、省份内市场的统筹等。通过全面比对分析不同国家电力现货市场建设的实践经验，我国应根据自身的资源禀赋，深入研究市场体系构建中的关键机制要素，结合电力工业的实际情况，制定符合我国国情的市场化改革政策。

参考文献

[1] 张粒子，王进，陈传彬，等．电力现货市场环境下政府授权差价合同结算机制研究[J]．电网技术，2021(4)：1337-1346.

[2] 葛睿，陈龙翔，王轶禹，等．中国电力市场建设路径优选及设计[J]．电力系统自动化，2017(24)：10-15.

[3] 全球能源互联网．浙江电力现货市场建设[EB/OL]．(2020-09-21)[2020-12-31]．https://www.gei-journal.com/cn/contents/4/1280.html.

[4] 全球能源互联网．对我国电力市场建设主要问题的思考[EB/OL]．(2020-09-18)[2020-12-31]．https://www.gei-journal.com/cn/contents/4/1274.html.

[5] 陈毅平，覃智君．电力市场改革研究综述[J]．电工电气，2019(4)：1-6，12.

[6] 肖谦，喻芸，荆朝霞．电力市场的目标、结构及中国电力市场建设的关键问题讨论[J]．全球能源互联网，2020(5)：508-517.

[7] 舒畅，钟海旺，夏清，等．约束条件弹性化的月度电力市场机制设计[J]．中国电机工程学报，2016(3)：587-595.

[8] 刘广一，陈乃仕，蒲天骄，等．电能调频和运行备用同时优化的数学模型与结算价格分析[J]．电力系统自动化，2014(13)：71-78.

[9] 夏清，陈启鑫，谢开，等．中国特色、全国统一的电力市场关键问题研究(2)：我国跨区跨省电力交易市场的发展途径、交易品种与政策建议[J]．电网技术，2020(8)：2801-2808.

[10] 胡朝阳,冯冬涵,滕晓毕,等.关于浙江电力现货市场若干关键问题的思考[J].中国电力,2020(9):55-59,70.

[11] 蔡威杰.基于金融输电权的输电网扩展投资决策研究[D].长沙:长沙理工大学,2019:15.

[12] 邹其.基于条件风险价值的输电网规划研究[D].武汉:华中科技大学,2019:1.

[13] 邹鹏,陈启鑫,夏清,等.国外电力现货市场建设的逻辑分析及对中国的启示与建议[J].电力系统自动化,2014(13):18-27.

[14] 夏清,郭炜.协调运行的电力市场交易体系[J].中国电力,2009(1):1-6.

[15] 张钦,王锡凡,王建学.尖峰电价决策模型分析[J].电力系统自动化,2008(9):11-15.

[16] 甘德强,王建全,胡朝阳.联营电力市场的博弈分析:单时段情形[J].中国电机工程学报,2003(6):71-76,86.

[17] 王秀丽,宋永华,王锡凡.英国电力市场新模式——结构、成效及问题[J].中国电力,2003(6):5-9.

[18] 言茂松,邹斌,李晓刚.缺电情况下能开放电力市场吗?——兼论当量电价的应用[J].电力系统自动化,2003(10):1-7.

专题三:柔性直流输电技术

一、柔性直流输电技术背景

输电技术的发展经历了从直流到交流,再到交直流共存的技术演变。随着电力电子技术的进步,柔性直流作为新一代直流输电技术,可使当前交直流输电技术面临的诸多问题迎刃而解,为输电方式变革和构建未来电网提供了崭新的解决方案。[1]

基于电压源型换流器的高压直流输电概念最早由加拿大麦吉尔大学的 Boon-Teck 等学者于 1990 年提出。通过控制电压源换流器中全控型电力电子器件的开通和关断,改变输出电压的相角和幅值,可实现对交流侧有功功率和无功功率的控制,达到功率输送和稳定电网等目的,从而有效地克服了此前输电技术存在的一些固有缺陷。国际权威电力学术组织,如国际大电网会议(International Conference on Large High Voltage Electric System, Conference International des Grands Reseaux Electriques, CIGRE)和美国电气电子工程师协会(Institute of Electrical and Electronics Engineers,IEEE)都将其学术名称定义为“VSC-HVDC”或者“VSC Transmission”。商业公司,例如 ABB 和西门子则将该输电技术分别命名为“轻型直流(HVDC Light)”和“新型直流(HVDC Plus)”。在中国,通常称为柔性直流(HVDC-Flexible),以区别于采用晶闸管的常规直流输电技术。[2]

早期的柔性直流输电都是采用两电平或三电平换流器技术,但是一直存在谐波含量高、开关损耗大等缺陷。随着实际工程对于电压等级和容量需求的不断提升,这些缺陷体现得越来越明显,成为两电平或三电平技术本身难以逾越的瓶颈。因此,未来两电平或三电平技术将会主要用于较小功率传输或一些特殊应用场合(如海上平台供电或电机变频驱动等)。2001 年,德国慕尼黑联邦国防军大学的 Marquart 提出了模块化多电平换流器(Modular Multilevel Converter,MMC)拓扑。[3] MMC 技术的提出和应用,是柔性直流输电工程技术发展史上的一个重要里程碑。该技术的出现,提升了柔性直流输电工程的运行效益,极大地促进了柔性直流输电技术的发展及其工程推广应用。

(一)柔性直流输电技术的优势

柔性直流输电相对于传统基于晶闸管器件的高压直流输电技术有以下几个方面优势。[4]

(1)无须交流侧提供无功功率,没有换相失败问题。传统高压直流输电技术换流站需要吸收大量的无功功率,占输送直流功率的40%~60%,需要大量的无功功率补偿装置。同时,传统直流需要接入到具备很强的电压支撑能力的系统,否则容易出现换相失败的情况。而柔性直流输电技术则没有这方面的问题。同时且独立控制有功和无功功率,可向无源网络供电。

(2)柔性直流输电技术可以实现四象限运行,能同时且独立控制有功功率,不仅不需要交流侧提供无功功率,还能向无源网络供电。在必要时能起到静止同步补偿器(Static Synchronous Compensator STATCOM)作用,动态补偿交流母线的无功功率,稳定交流母线的电压。如果容量允许甚至可以向故障系统提供有功功率和无功功率紧急支援,提高系统的功角稳定性。而传统直流输电仅能两象限运行,不能单独控制有功功率或无功功率。

(3)谐波含量小,需要的滤波装置少。无论是采用SPWM脉宽调制技术的两电平拓扑还是采用最近电平逼近调制(Nearest Level Modulation,NLM)的子模块多电平拓扑结构的柔性直流输电技术,其开关频率相对于传统直流较高,产生的谐波也比传统直流小很多,需要的滤波装置容量小,甚至可以不需要滤波器。

(二)柔性直流输电技术的局限性

由于受到电压源型换流器元件制造水平及其拓扑结构的限制,柔性直流输电技术在以下几个方面具有局限性。

(1)输送容量有限。目前柔性直流输电工程的输送容量普遍不高,相对于特高压直流输电可以达到8000MW以上的输送有功功率,柔性直流输电目前最高设计输送有功功率为1000MW。其受到限制的主要原因一方面是由于受到电压源型换流器件结温容量限制,单个器件的通流能力普遍不高,正常运行电流最高只能做到2000A左右;另一方面是由于受到直流电缆的电压限制,目前的XLPE挤包绝缘直流电缆的最高电压等级为320kV,因此柔性直流换流站的极线电压也受到限制。如果采用架空线路,电压水平能够提高,但是可靠性却大大降低;如果采用油纸绝缘电缆,则建设成本会大幅提高,输电距离也会受到影响。

(2)单位输送容量成本高。相较于成熟的常规直流输电工程,柔性直流输电工程目前所需设备的制造商较少,主要设备尤其是子模块电容器、直流电缆等供货商都是国际上有限的几家企业,甚至需要根据工程定制,安排排产,因此成本高昂。绝缘栅双极型晶体管(Insulated Gate Bipolar Transistor,IGBT)器件目前国内已经具备一定的生产能力,但是其内部的硅晶片仍然主要依靠进口。从目前国内舟山、厦门等柔性直流工程的建设成本来看,其单位容量造价约为常规直流输电工程的4~5倍。如果想要柔性直流输电达到特高压直流输电的输送容量，其成本是非常可观的。

(3)故障承受能力和可靠性较低。由于目前没有适用于大电流开断的直流断路器，而柔性直流输电从拓扑结构上无法通过 IGBT 器件完全阻断故障电流，不具备直流侧故障自清除能力，因此一旦发生直流侧短路故障，必须切除交流断路器，闭锁整个直流系统，整个故障恢复周期较长，相对于传统直流，柔性直流的故障承受能力和可靠性较低。如果采用双极对称接线方案可以在一定程度上提高可靠性，但是故障极的恢复时间仍会受到交流断路器动作时间的限制，整个系统完全恢复的速度比不上传统直流。这也是架空线在柔性直流输电中的应用受到限制的主要原因。

(4)损耗较大。无论是采用 SPWM 脉宽调制技术的两电平拓扑还是采用最近电平逼近的子模块多电平拓扑结构的柔性直流输电技术，其开关频率相对于传统直流都较高，其开关损耗也是相当可观的。早期两电平柔性直流工程的换流站损耗能够达到3%～5%，目前采用子模块多电平的柔性直流工程多将损耗控制在1%以内，与传统直流的损耗相当，但是输送容量相对于传统直流还是很小，而如果容量提升，则必然需要更大规模的子模块和更快的开关频率，因此损耗也会相应提高。

(5)输电距离较短。由于没有很好地解决架空线传输的问题，柔性直流输电工程的电压普遍不高，同时，柔性直流系统相对损耗较大，这就限制了其有效的输电距离。目前特高压直流输电距离已经达到2000km左右，而柔性直流输电工程的输电距离大多在几十千米到百余千米。从这个角度来说，柔性直流输电并不适用于长距离输电。

(三)柔性直流输电技术的发展趋势

电压源换流器技术是柔性直流输电的核心技术，此项技术的重大突破将使柔性直流输电电压和容量等级迅速提高，引领柔性直流输电进入新的发展阶段，并逐步取代传统的直流输电。未来几年柔性直流输电技术将在如下几个方面取得重大进展。[5]

1. 直流输电混合化

直流输电混合化是指将传统直流系统和柔性直流系统以并联或串联的方式构成混合直流输电系统。目前讨论较多的有两种方案。

(1) 常规直流与柔性直流并联，可以改善直流输电系统的谐波性能，提高无功补偿与潮流控制的灵活性，提高系统的动态响应能力。

(2) 送电端采用常规直流、受电端采用柔性直流，可以避免由于常规直流换相失败引起的无功冲击导致受端交流电网电压失稳的风险，同时可以节省直流落点占地。

2. 高电压大容量化

目前电压等级最高、容量最大的柔性直流输电工程是法国和西班牙联网的±320kV、1000MW 输电工程。随着高压大容量电力电子器件的逐步成熟以及基于 MMC 结构的柔性直流换流站设计与运行经验的逐步积累，柔性直流输电系统有望在未来几年内达到500kV、3000MW，逐步取代常规直流输电，为远距离大容量输电提供全新的技术手段。

3. 直流输电网络化

建设直流电网是一个业界正在热烈探讨的课题。直流电网可以定义为一个由直流换流站、直流线路、直流断路器、直流变压器等组成的全控输电网络，它可以是一个独立的电网，也可以是嵌入交流电网中的一个局部网络。直流电网的特点是，其中的换流站、直流变压器、电源/负荷并网变流器一般都具有较强的可控性。因此，直流电网可以灵活地在各个换流站之间分配功率，当某个换流站因故障退出时通过合理的控制仍可保持剩余系统的运行。

多端直流输电系统将在直流电网中发挥作用，其迅速发展来自建设直流电网的两方面驱动力。

(1)海上风电、海岛风电等分布式电源通常分布在地理距离接近的多点，采用直流网络接入比两端直流更具经济性；

(2)相对传统直流输电，柔性直流输电具有控制灵活、不受短路比限制、无换相失败等优点，可以为直流电网的建设提供全新的技术手段。

4. 直流配电网

与交流配电网相比，直流配电网具有以下优势。

(1)单位走廊的供电能力高。输电容量约为交流线路的1.5倍。可充分利用现有配电走廊，满足城市用电负荷快速发展的需要。

(2)供电可靠性高。直流配电网具有对直流电压、有功、无功的主动控制能力，不存在高低压电磁环网问题，可以实现多电源同时向配电网负荷供电，单一交流电源故障不会中断向直流配网负荷供电，大大提高了供电可靠性。

(3)易于实现高质量供电。直流配电网只需要控制直流供电电压，不存在谐波、无功带来的电能质量问题。直流配网的主要设备均为电力电子设备，响应时间为几十毫秒级，在供电容量足够的前提下可以很容易地实现供电电压的实时控制，确保高质量供电。

(4)消纳分布式电源的能力更强。分布式电源大多通过电力电子变换器接入电网，若直接接入直流配电网，可以减少一个AC-DC变换环节，提高运行效率。另外，中高压直流配电网可以在一个相对较大的地理范围内消纳分布式电源，有利于利用风电、光伏的时空分布特性，实现风光互补，再配合储能技术，可以大幅度降低分布式电源的随机波动对配电网电压的不利影响，有望实现分布式电源的高渗透率接入。

(四)柔性直流输电技术存在问题的解决思路

1. 具有直流短路故障电流清除能力的电压源换流器拓扑结构

电压源型换流器存在整流器效应，当直流线路发生短路故障时，这种效应导致交流系统向短路点提供直流短路电流，造成短路点无法灭弧，只能依靠交流侧断路器断开切断故障，造成系统彻底停运。研究具有直流短路故障电流清除能力的电压源换流器拓扑结构是解决上述问题的手段之一。目前的研究聚焦于 MMC 拓扑结构的改进,使换流器具备自身切断直流短路故障电流的能力。

2. 高压直流断路器技术

由机械式断路器和电力电子器件组成的混合型固态断路器仍然是未来的发展趋势。ABB 等公司已经宣布研制成功可以应用于 320kV 直流电网的混合直流断路器,可开断最大 16kA 的故障电流,但目前直流断路器方案成本过高,难以商业应用,同时电压等级和关断电流的能力有待提高。

3. 直流电网运行的基础理论及控制保护技术

柔性直流输电系统本质上是新型电力电子变流器在大电网中的应用,基于这种变流器的直流换流站、直流变压器、电源/负荷并网变流器一般都具有较强的可控性,这使得直流电网的潮流分布、故障传播特性有别于交流电网,特别是直流电网嵌入交流电网后,形成的分层分布式可控的交直流混合网络,将极大地改变电网形态。目前,国内外对于直流电网运行的基础理论及控制保护技术研究很少,缺乏成熟的技术方案和标准。研究直流电网运行的机理、建立直流电网的基础理论与控制保护技术体系将为直流电网的快速发展打下坚实的基础。

(五)柔性直流输电技术在我国的应用前景

目前,从柔性直流的应用领域来看,在世界范围内 32 项已投运或在建的柔性直流输电工程中,9 项工程应用于风电场并网,3 项应用于城市中心供电,5 项应用于电力市场交易,3 项应用于异步电网互联,4 项应用于电能质量优化,3 项应用于海上平台供电,1 项应用于海岛联网。柔性直流输电在我国的发展前景也将主要围绕这几个方面展开。[4]

1. 替代传统直流的大规模送电和交直流联网

我国西部能源多负荷少,全国 90%的水电集中在西部地区;而东部能源少负荷多,仅东部 7 个省份的电力消费就占到全国的 40%以上。能源资源和电力负荷分布的严重不均衡,决定了大容量、远距离输电的必要性,这也是目前特高压直流输电工程在我国大量布局的重要原因。但是传统直流对接入电网的短路容量有一定的要求,而且需要大量的无功补偿设备。随着越来越多的特高压直流线路接入电网,许多传统直流固有的问题越来越难处理,新的问题开始显现,如换相失败问题、多条直流馈入同一交流电网的相互影响问题,等等。

柔性直流输电理论上不存在这些传统直流的固有问题,对接入的交流电网没有特殊要求,可以方便地进行各种形式的交直流联网,而产生的影响也微乎其微。目前,柔性直流的输送容量主要受到电压源型换流器件容量、直流电缆耐受电压及子模块串联数量的限制,而且由于目前没有适用于大电流开断的直流断路器,柔性直流工程直流侧故障自清除能力较差,一旦发生直流侧短路故障,就必须切除交流断路器,闭锁整个直流系统,整个故障恢复周期较长,因此不宜采用架空线输电而更适合采用电缆送电。

柔性直流输电未来向大容量长距离方向发展必须突破的技术障碍包括:①电压源型换流器件材料发生本质改变,如利用 SiC 取代 SiO_2 作为半导体器件的核心元件,其封装材料的耐热和绝缘也需要大幅改进,突破器件的容量限制。②大电流直流断路器的开发和应用。目前直流断路器还处于研究阶段,有不同的技术路线,其中一种是利用控制电力电子器件对电流进行分流转移,并通过避雷器吸收能量,其结构和体积与一个相同容量的换流阀相当,而其开断电流的大小同样受到电力电子器件容量和避雷器容量的限制。在可以预见的将来,一旦这些技术障碍得以突破,柔性直流输电将能够替代传统直流承担起大容量、远距离送电的任务。

2. 便于实现可再生能源等分布式电源并网

分布式电源指的是接入 35kV 及以下电压等级的小型电源,包括微型燃气轮机、小型风力发电机、燃料电池或光伏电池和其他储能设备等,而可再生能源是典型的分布式电源。这些电源的特点是单台机组容量小,受气候影响大,具有波动性和间歇性的特点,可以就地接入或通过阵列式布局达到一定规模后再接入电网。随着新型发电及可再生能源技术的发展,分布式发电的重要性也日趋明显,对于减少环境污染、提高能源利用率具有重要意义,同时也能在一定程度上满足负荷增长的需求。可再生能源等分布式发电的特点决定了其电压支撑能力弱,对系统运行和电能质量等带来不利影响。

柔性直流输电对有功和无功可独立进行控制,本身具备 STATCOM 的功能,对于由风电场输出功率波动而导致的电压波动能够起到很好的缓解作用,改善电能质量。此外,电压源型换流器不存在换相过程,不需要接入系统提供强大的无功支撑,不用专门配置无功补偿装置。柔性直流输电的这些特点为分布式发电并网给出了可行的解决方案。

3. 用于大城市电网增容与直流供电

随着我国社会经济的高速发展,城市电网的负荷持续增长,对电能质量的要求也不断提高。以交流输电为主的城市电网面临越来越大的困难和挑战,例如,城市电网电能输送通道资源越来越紧张;用电负荷和供电容量增加带来的短路电流超标问题;有限的土地资源导致站址的选择越来越难;环境保护的客观要求;等等。这些因素极大地制约了特大型城市的进一步发展。

柔性直流输电技术具有以下优点:①产生的谐波含量少,可以快速地对功率进行控制,稳定电压,有效地改善供电的电能质量;②采用埋地式直流电缆,不需要占用输电走廊,既能达到城市电网增容的目标,又不影响城市市容;③柔性直流输电换流站占地少,能在一定程度上节约土地资源;④可灵活控制交流侧的电流,进而达到对系统短路容量的控制。这些柔性直流输电的特点决定了其在大城市电网增容扩建中大有用武之地。

4. 用于向弱系统或孤岛供电

一方面,我国幅员辽阔,很多偏远地区供电存在困难。这些地区本身系统弱,距离大电网远,难以并网,也不能提供足够的无功支撑。如果采用交流输电,电压跌落将非常严重。而采用柔性直流输电,不需外加换相电压,可以在无源逆变方式下工作,其受端系统甚至可以是无源网络,非常适合这种情况。柔性直流输电技术为解决偏远地区的供电问题提供了新的思路。不过向偏远地区送电在很多情况下可能无法敷设电缆,采用这种方式还是有待于进一步解决架空线路用于柔性直流输电所面临的供电可靠性问题。

另一方面,我国拥有广阔的海岸线和大量拥有常住人口的海岛,对海上风电的开发也是未来的发展方向。这些特殊的地区电负荷偏小、电压波动大,也是典型的弱系统和孤岛。目前绝大部分海岛及海上钻井平台采用独立的供电体系,燃料利用率偏低,环境污染严重。对于海岛送电来说,采用架空线路不太现实,采用交流电缆电容效应显著,损耗太大,因此,采用柔性直流输电技术通过直流海缆进行海岛供电可以说是必然的选择。同时,柔性直流输电换流站占地面积小,在面积不足的海岛或钻井平台上建设非常有优势。

二、海上风电并网柔性直流系统

研究表明,在离岸距离超过 90 千米且风电场容量大于 100 MW 的场景下,风电场采用高压直流并网是较为合适的方案。[6,7] 与此同时,高压直流输电技术也是海上风电场并网场景下的一种最具备发展和应用前景的技术方案。虽然小容量风电孤岛的直流外送可以采用传统直流输电系统加上静止同步补偿器来实现,但是从严格意义上讲,因为风机运行需要外界提供稳定的交流电源,大容量海上风电只能经柔性直流输电系统并网。[8] 柔性直流系统由可关断器件构成,不需要电网提供换相电压,可以给风机同时提供稳定的同步交流电源和无功支撑,目前在建或已投运的远距离大容量海上风电场并网方案都采用了柔性直流系统。[9]

(一)拓扑结构

用于远距离大规模海上风电并网的柔性直流系统与常规的柔性直流系统略有不同,用于海上风电并网的柔性直流系统接线图见图 3.1。其特点主要体现在以下方面。

(1)考虑到可靠性的要求,从路上换流站开始,交流线路和直流线路都采用可靠性较高的电缆。

(2)考虑到电缆的高可靠性以及目前 MMC 的制造水平,用于海上风电并网的柔性直流换流站通常采用伪双极结构;伪双极结构还可以避免直流接地极的使用,减少换流站主设备。

(3)考虑到设备维护等方面的因素,换流站中通常采用两台换流变压器,使系统基本能够满足 $N-1$ 原则。

(4)通常陆上换流站需要装设直流耗能支路 DC chopper(图 3.1 中 R_1 及与其串联的开关),当陆上换流站发生交流故障时,海上换流站注入的多余功率可以通过直流耗能支路释放,最大限度地避免直流侧过电压。

(5)对于一个采用伪双极接线的柔性直流系统而言,理论上只要至少有一个换流站安装接地装置,整个直流系统就可以正常运行。由于接地装置需要占用一定体积,所以海上换流站一般不考虑装设接地装置,只考虑在陆上换流站安装接地装置。

(6)为了减小换流站的占地面积,通常直流侧不需要安装平波电抗器,但是会把桥臂电抗器移到换流器直流极线和串联子模块的最高/最低点之间。

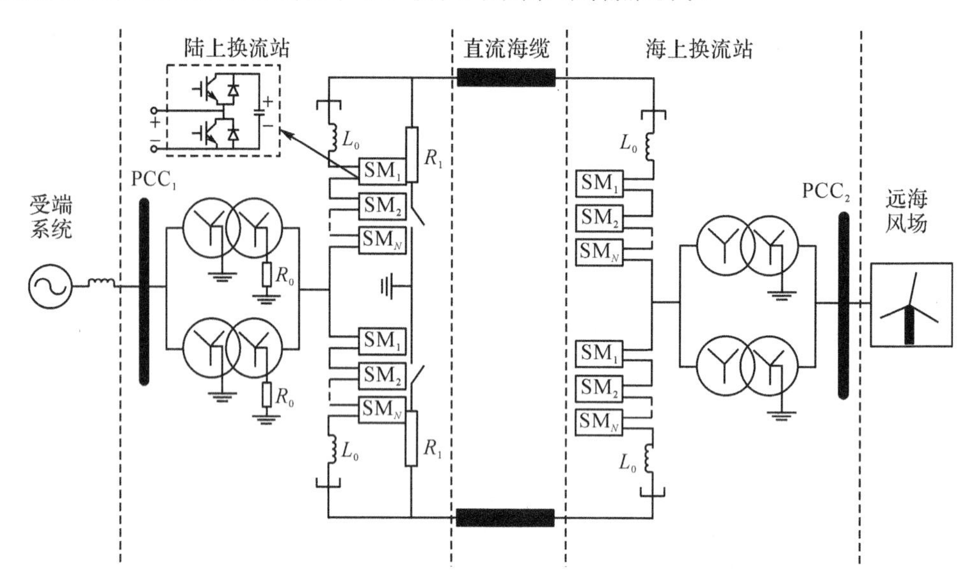

图 3.1 用于海上风电并网的柔性直流系统接线图

(二)MMC 换流站接地方式分类

目前已有的国外海上风电工程多采用 MMC 直流输电系统。目前工程上常用的接地方式主要分为直流侧接地和交流侧接地两类。其中,直流侧接地方式主要包括直流侧经电容接地,直流侧经钳位电阻侧接地;交流侧接地方式主要包括变压器阀侧星形电抗器中性点经大电阻接地、变压器阀侧中性点经大电阻接地、变压器阀侧中性点经大电抗接地等。以下对上述几种接地方式进行详细介绍。[10]

1. 直流侧经电容接地

如图 3.2(a)所示,该方式借鉴了传统两电平电压源换流器的接地方式,换流站出口处的正负极直流线路通过电容引出接地支路,在提供零电位参考点的同时,能够起到稳定和支撑直流电压的作用。但该接地方式应用于高压直流输电工程时,对电容器要求较高,导致设计制造困难。同时,当正负极所连电容容值偏差较大时,会导致整个直流系统正负极不对称运行。

2. 直流侧经钳位电阻接地

如图 3.2(b)所示,由于 MMC 子模块中带有的电容本身便起到了支撑直流电压的作用,因此无须在直流侧进一步安装支撑电容。为了节省投资成本,可以将直流侧经电容接地方式的电容器用钳位大电阻代替,以引出接地支路,该方式比经电容接地的方式经济性更好,但需要选取合适的钳位电阻。当电阻过小时,会导致稳态运行时损耗过大,降低经济效益;而当电阻过大时,系统近似不接地,无法实现提供零电位参考点的功能。此外,该接地方式同样存在正负极钳位电阻偏差较大时正负极不对称运行的问题。

3. 变压器阀侧星形电抗器中性点经大电阻接地

如图 3.2(c)所示,该接地方式在变压器阀侧并联一个星形电抗器,并从电抗器中点经大电阻接地。该方法对连接变压器的连接方式没有限制,且能够在直流侧发生故障时限制故障电流,降低对连接变压器过电流耐受能力的要求。但是,星形电抗器的取值是一个需要解决的问题,电抗值过小会在稳态运行过程中消耗大量无功,电抗值过大则会导致占地面积增大,增加建造成本。该接地方式会在一定程度上影响换流站的正常运行范围。

4. 变压器阀侧绕组中性点经大电阻接地

如图 3.2(d)所示,采用该接地方式时,连接变压器必须采用△/Y0 或 Y/Y0 的连接方式,阀侧绕组中性点通过一个大电阻接地,为阀侧提供零电位参考点。该方式具有设备成本低、占地面积小等优点。该方式的缺点为:需要依靠变压器阀侧的星形绕组承受故障下的直流电压和暂态电流,当用于高压大容量场景时,变压器本体的设计难度较大。

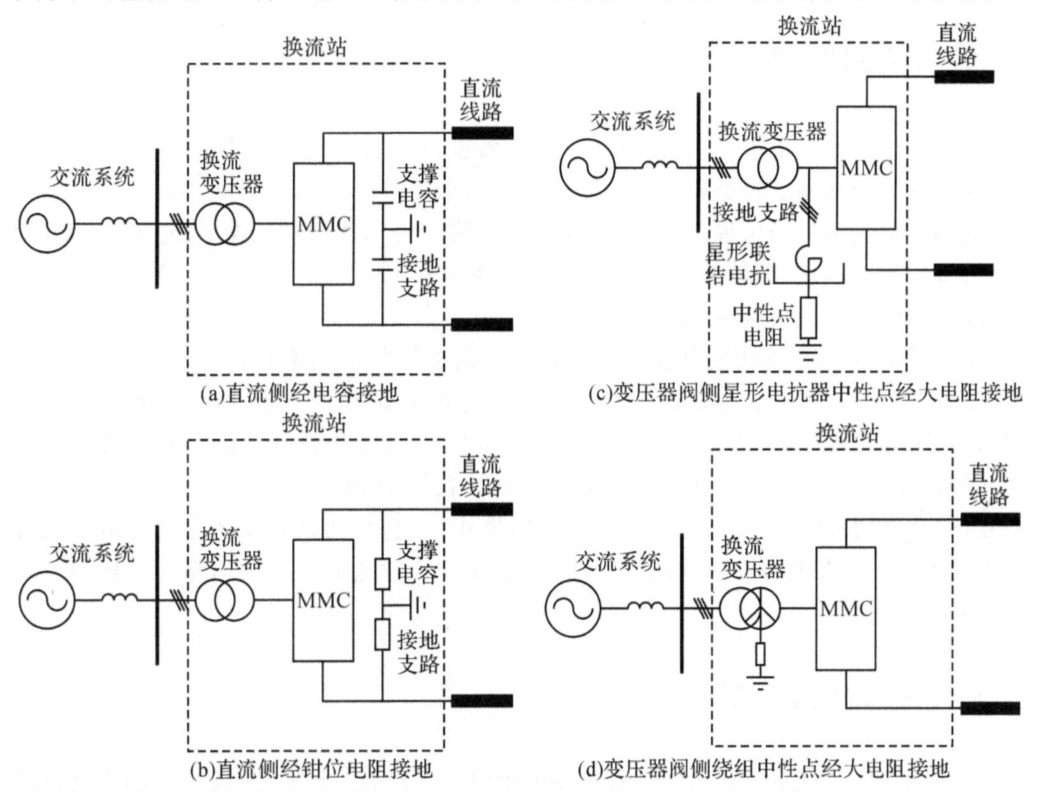

图 3.2　不同情况下的接线图

5. 变压器阀侧绕组中性点经大电抗接地

除了上述四种接地方式外,西门子公司提出了一种变压器阀侧中性点经大电抗接地的方式,并将其应用在欧洲海上风电送出工程 Helwin2 和 Bolwin3 中。该接地方式要求连接变压器必须采用△/Y0 或 Y/Y0 的连接方式,阀侧绕组中性点经一个大电抗接地,提供零电位参考点。使用该方式的主要难点在于接地电抗的电感值较大,从而导致占地面积较大且设计制造难度较高。

6. 国内高压柔性直流输电工程的接地方式

上述接地方式中,直流侧接地方式由于存在正负极不对称运行的风险,在国内已有的柔性直流输电工程中没有得到应用。而变压器阀侧中性点经大电抗接地的方式,由于高压电抗器所需占地面积和制作水平较高,也未被应用于国内柔直输电工程。

目前国内典型的柔性直流输电工程中,采用对称单极接线的有南汇柔直输电工程、舟山五端柔直输电工程、渝鄂柔直输电工程。其中,南汇柔直输电工程和渝鄂柔直输电工程均采用变压器阀侧中性点经大电阻接地方式,舟山五端柔直输电工程中各个换流站采用的接地方式不同,定海站和岱山站采用变压器阀侧星形电抗器中性点经大电阻接地,衢山站和泗礁站的零电位参考点由其他换流站提供,洋山岛站采用变压器阀侧中性点经大电阻接地方式。

(三)控制策略

对于并网型风电机组,不管是全功率换流器型风电机组还是双馈型风电机组,均需要由所连接的交流系统提供稳定的同步交流电压才能正常运行。

而对于海上风电场来说,其所连接的交流网络本身即为无源网络,而电网换相换流器也需要稳定的同步交流电源才能运行,这便决定了海上风电采用直流输电方式送出时,必须使用柔性直流输电系统。

海上换流站的主要功能是控制风场侧交流系统的电压频率和幅值,从而为海上风电场提供稳定的同步交流电源。海上换流站的控制策略与向无源系统送电的受端 MMC 控制策略相同,采用定换流站交流母线的电压幅值和频率。由于海上换流站的两个控制自由度已经用尽,直流系统电压必须由陆上换流站来控制,因此陆上换流站采用定直流电压和定交流侧无功功率的控制模式。此时,两侧换流站已没有多余的控制自由度来控制柔直系统输送的有功功率,柔直系统输送的有功功率即为风场侧所发的有功功率。

(四)接地方式的选择

对于用于海上风电送出的柔性直流输电系统,要分别设计海上换流站和陆上换流站的接地方式。其中,海上换流站由于位于海上平台,为了尽量降低换流站体积和占地面积,减少设备数量,通常不设置专门的接地支路,而由陆上换流站来提供零电位参考点,其连接变压器可以采用 Y0/Y 或 Y0/△的连接方式。

三、柔性直流输电系统仿真建模

(一)背景

基于 MMC 电压源型换流器的柔性直流输电(Voltage Source Converter based HVDC, VSC-HVDC)技术具有谐波特性好、有功无功解耦控制、可靠性高、易扩展等优点,在清洁能源大规模并网发电、大电网异步互联以及孤岛供电等领域具有广泛的应用前景。[11,12] 目前,柔性直流输电系统的仿真建模主要包括离线仿真建模以及实时仿真建模两类。[13]

离线仿真建模主要是指基于 PSCAD/EMTDC 和 MATLAB 等仿真软件,搭建柔性直流输电系统的电磁暂态模型。受限于离线仿真计算机的运算能力,采用此类建模方法搭建的柔性直流输电系统电磁暂态详细仿真模型仿真速度慢且交流电网仿真规模较小[14-17],只适合于秒级的仿真场景。

柔性直流输电的实时仿真建模根据应用场景主要分为大电网稳定性分析的系统级仿真以及单一工程的设备级仿真。[18-20] 本节选择仿真规模更大的 HYPERSIM 作为仿真工具,采用接入实际工程用控制保护装置的数模混合仿真方法,首先对适用于大规模交直流混联电网的柔性直流输电系统仿真建模方法展开研究,后续进一步研究含有柔性直流的大规模交直流混联电网实时仿真模型。

(二)仿真模型构架

柔性直流输电系统数模混合仿真模型总体构架如图 3.3 所示,主要包括三部分:一次系统、控保系统和接口部分,分别采用不同仿真器、不同仿真步长联合仿真的技术路线。综合考虑计算机处理器的计算能力、处理器之间的通信能力、数据带宽等相关指标,选择基于最新 NUMA link7 高速互联技术的 all-to-all 多核超级并行计算机 SGIUV300 对大规模交流电网进行 50ms 的数字实时仿真。对 MMC 子模块采用基于 FPGA 的仿真装置 OP5607 进行仿真,所有 MMC 子模块的仿真计算周期为 500ns。仿真模型接入柔性直流输电系统实际控制保护装置,实现大规模交直流电网电磁暂态数字模型和实际物理控制保护装置的数模混合实时仿真,以提高模型的准确性。其中,与常规直流输电系统不同,柔性直流输电系统需要在阀控制系统中对子模块电容电压排序,保证子模块电容电压的均衡。

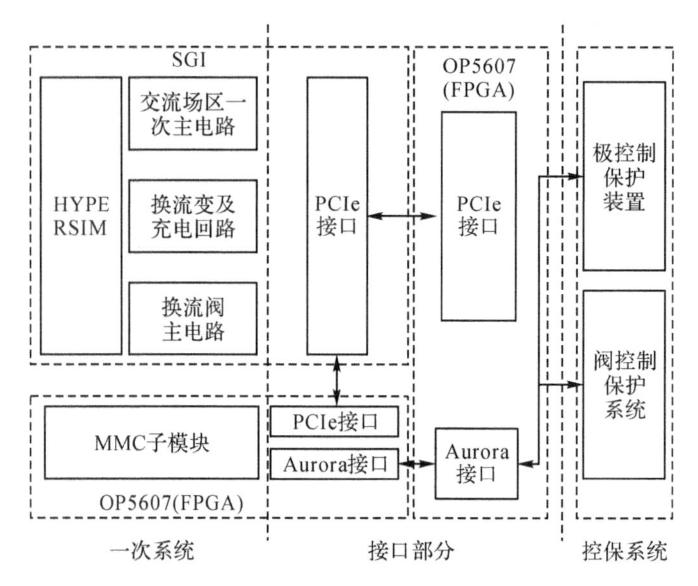

图 3.3 柔性直流输电系统数模混合仿真模型总体构架

(三)一次系统建模

HYPERSIM 软件由加拿大魁北克水电(Hydro-Quebec)研发中心开发,依托开放的结构、高速并行处理系统,是目前唯一有能力实现 10000+节点仿真分析的超大型电力系统电磁暂态实时仿真软件。基于 HYPERSIM 软件平台的柔性直流输电系统数模混合仿真模型一次系统建模主要分为交流系统和直流系统两大类。

仿真模型的交流一次系统由两侧交流场区、单元 1 换流变压器区以及单元 2 换流变压器区构成。交流场区采用二分之三接线方式将交流线路与双单元换流器相连。

换流变压器区主电路主要包括三绕组变压器和换流阀充电回路。为了保证仿真模型的准确度,变压器的绕组接线方式、中性点接地方式以及充电回路电阻和刀闸的配置等,均需与实际工程现场保持一致。

仿真模型的直流一次系统为两个单元背靠背 MMC 换流阀,在 HYPERSIM 软件中,MMC 桥臂的仿真模型由两个支路并联而成,左支路为充电支路,右支路为放电支路。

大规模电网实时仿真时通常需要解耦一次主电路,合理地划分电网络,以确保仿真的实时性。一般按照不同的场区以及不同功能划分任务,将同类任务映射到同一个计算核中。[21]

从功能的角度,采用二次信号解耦元件将一次系统与二次测量信号解耦为两类任务。对于一次系统而言,柔性直流输电系统两侧要接入大规模交流电网的仿真模型,考虑到单个任务所需的计算资源,采用一次电路解耦元件将交流场区与换流变压器区以及换流阀区解耦,换流变压器区与换流器区不解耦。

四、国内外柔性直流输电工程简介

目前,世界范围内欧洲、大洋洲、美洲、亚洲、非洲 16 个国家均有柔性直流输电工程投运或在建。其中,已投运工程经历了从两电平到三电平又回到两电平、模块化多电平的技术发展路线,在建柔性直流输电工程几乎全部为模块化多电平拓扑。本节介绍几个国内外典型柔性直流输电工程,并对当前世界上的柔性直流输电工程进行分类梳理。[4]

(一)国外柔性直流输电工程

1. 赫尔斯扬实验性工程

1997 年投入运行的赫尔斯扬实验性工程是世界上第一个采用电压源换流器进行的柔性直流输电工程。该实验性工程的有功功率和电压等级为 3MW/±10kV,这个工程连接了瑞典中部的赫尔斯扬和哥狄斯摩两个换流站,输电距离 10 千米。工程于 1997 年 3 月开始试运行,随后进行的各项现场试验表明,此系统运行稳定,各项性能都达到预期效果。

该工程将赫尔斯扬的电能输送到哥狄斯摩处的交流系统,或者直接对哥狄斯摩处的独立负荷供电。在后一种情况下,相当于柔性直流输电系统向无源负荷供电,此时负荷的电压和频率均由柔性直流输电的控制系统决定。由于柔性直流输电系统的换流器可以四象限运行,因此具有较大的运行灵活性。并且由于具有无功补偿的能力,因此可以很好地抑制相连交流系统的电压波动。

此工程在世界上首次实现了柔性直流输电技术的工程化应用,第一次将可关断器件阀的技术引入了直流输电领域,开创了直流输电技术的新时代。柔性直流输电系统的出现,使直流输电系统的经济容量降低到了几十兆瓦的等级。同时,新型换流器技术的应用,为交流输电系统电能质量的提高和传统输电线路的改造提供了一种新的思路。

2. 卡普里维联网工程

为了从赞比亚购买电力资源,纳米比亚电力公司打算将其东北部电网和中部电网进行连接。由于这是两个非常弱的系统,并且传输的距离较长(将近 1000 千米),所以选择使用了柔性直流输电系统,以增强两个弱系统的稳定性,并借此可以和电力价格较昂贵的南非地区进行电力交易。工程于 2010 年投入运行。根据实际情况,工程建设一个直流电压为 350kV 的柔性直流输电系统,其额定有功功率为 300MW,连接了卡普里维地区靠近纳米比亚边界的赞比西河换流站和西南部 970 千米之外的中部地区的鲁斯换流站。此工程的输电线路为一条 970 千米的直流架空线,这条线路使用现有的从鲁斯到奥斯的 400kV 的交流架空线路并进行了升级改造,使之延长到赞比西河新建的变电站。

工程的建成不仅将东北部的卡普里维和纳米比亚的中部电网进行了连接,还将使纳米比亚、赞比亚、津巴布韦、刚果、莫桑比克和南非的系统互联成一个电网。不仅可以在南部非洲电价昂贵的地区进行电力交易,还可以更有效地利用地区间的发电资源,包括可再生能源。此工程将柔性直流输电系统的直流侧电压提升到350kV,并且是世界上第一个使用架空线路进行传输的商业化柔性直流输电系统。同时,此工程的有功功率在下一阶段还将通过增加一个传输极升级到600MW。

3. 传斯贝尔柔性直流工程

传斯贝尔柔性直流工程连接匹兹堡市的匹兹堡换流站和旧金山市的波特雷罗换流站,线路采用一条经过旧金山湾区海底的高压直流电缆,全长88千米。工程于2010年投入运行。工程建立的初衷是为东湾和旧金山之间提供一个电力传输和分配的手段,以满足旧金山日益增长的城市供电需求。目前,由于旧金山其他电源接入点的建立,该换流站的主要职能从电力传输更多的转向调峰调频。由于柔性直流输电系统能够提供电压支撑能力和降低系统损耗的特点,该工程有效地改善了互联的两个地区电网的安全性和可靠性。

旧金山市的大部分电力供应都来自圣弗朗西斯科半岛南部,主要依赖于旧金山湾区南部的交流网络。在此工程完成之后,电力可以直接送到旧金山的中心,增强了城市供电系统的安全性。而且,由于直流电缆埋于地下和海底,也不会造成对环境的污染。

传斯贝尔柔性直流工程和上面所介绍的所有工程的最大区别在于此工程中首次使用了新型模块化多电平换流器,其额定有功功率为400MW,直流侧电压为±200kV。

(二)国内柔性直流输电工程

1. 上海南汇柔性直流输电示范工程

上海南汇柔性直流输电示范工程是我国自主研发和建设的亚洲首条柔性直流输电示范工程,额定输送有功功率20MW,额定电压±30kV,于2011年7月正式投入运行。该工程是我国在大功率电力电子领域取得的又一重大创新成果。上海南汇柔性直流输电示范工程的主要功能是将南汇风电场的电能输送出来,南汇风电场是上海电网当时已建的规模最大的风电场,风电场换流站经150米电缆线路连接风电场变电站35kV交流母线。上海南汇柔性直流输电示范电工程的两个换流站之间通过直流电缆连接,线路长度约为8千米。

上海南汇柔性直流输电示范工程两端换流站均采用49电平的模块化多电平拓扑结构,额定直流电压为±30kV,具体工程参数如表3.1所示。

表3.1 上海南汇柔性直流输电示范工程参数

参数	数值
直流电压/kV	±30
直流电流/A	300

续 表

参数	数值
交流电压/kV	31
交流电流/A	340
额定有功功率/MW	20

2.舟山五端柔性直流输电工程

随着舟山群岛新区的建设,各岛屿的开发进程不断加速,这对舟山电网的供电可靠性和运行灵活性提出了更高的要求。另外,舟山诸岛拥有丰富的风力资源,风电的间歇性和波动性也对电网接纳新能源的能力提出了新的要求。在此情况下,舟山电网迫切需要发展适用于其自身特点的先进输配电技术。

舟山五端柔性直流输电工程旨在建设世界第一条多端柔性直流输电工程,同时满足舟山地区负荷增长的需求,提高供电可靠性,形成北部诸岛供电的第二电源;提供动态无功补偿能力,提高电网电能质量;解决可再生能源并网,提高系统调度运行的灵活性。[22]其工程基本参数如表 3.2 所示。

表 3.2 舟山五端柔性直流输电工程基本参数

参数	定海换流站	岱山换流站	洋山换流站
容量/MVA	450	350	120
额定有功功率/MW	400	300	100
直流电压/kV	±200	±200	±200

五、IGBT 在柔性直流输电中的应用

(一)背景

近 10 年来,绝缘栅双极型晶体管(IGBT)从芯片设计、工艺、测试到器件封装技术等方面都取得了重大进步,器件的参数和整体性能得到显著提高。目前,IGBT 最高水平达到了 6500V/650A 和 3300V/2000A,实验室电压、电流水平更是分别达到 8000V 和 3800A,各类采用 IGBT 的电力电子装置也从实验示范实现了规模化和产业化。随着中国电网的不断升级,特别是以风电和太阳能发电为代表的可再生能源的快速发展,极大地推动了电网新技术的应用规模和发展进程。以柔性直流输电为代表的新一代输电技术将成为促进 IGBT 在电力系统中应用加速的首要驱动力,高压、大容量、低损耗、安全工作区域大将成为 IGBT 的主要发展方向。提高 IGBT 的容量,需要解决由

于电压电流提升给 IGBT 芯片制造及封装带来的难题,国内的主要器件生产厂家致力于研发高压大电流等级的 IGBT,并有望投入商业使用,以期实现 IGBT 国产化。[23]

IGBT 自 20 世纪 80 年代发明以来,其表面结构(金属氧化物半导体,Metal Oxide Semiconductor,MOS)和体结构(耐压层和集电区)都经历了一系列相对独立的发展和改进。从表面结构上讲,主要经历了从平面栅到沟槽栅的改进,以及由简单 P 阱向 N 阱包围 P 阱形成空穴阻挡层的演变,如图 3.4 所示。图 3.4 中,E 和 G 分别为 IGBT 的发射极和栅极。

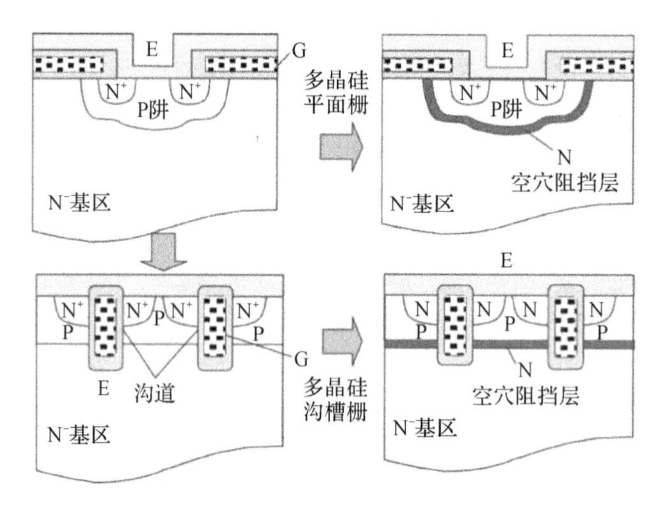

图 3.4　IGBT 表面结构的演化

沟槽栅结构借鉴了大规模集成电路(Large-Scale Integrated Circuit,LSI)工艺中的硅干法刻蚀技术,实现了在通态电压和关断时间之间的优化;元胞结构则采用了更先进的宽元胞间距的设计及空穴阻挡层。典型的例子包括日立半导体的 HiGT、三菱半导体的 CSTBT 芯片和 ABB 公司的 EP 工艺等技术。

从体结构上讲,IGBT 经历了由非透明集电区穿通型 IGBT(PT-IGBT)到透明集电区非穿通型 IGBT(NPT-IGBT),再到透明集电区 PT-IGBT 的演变,如图 3.5 所示。图 3.5 中,C 为 IGBT 的集电极。穿通技术载流子注入系数较高,但由于它要求对少数载流子寿命进行控制,致使其输运效率变坏;非穿通技术无须对少数载流子寿命进行杀伤就可以有很好的输运效率,但载流子注入系数比较低。因此,非穿通技术被新的含有缓冲层的新型体结构所代替。这种 IGBT 现在被不同的供应商命名,如英飞凌公司将其命名为场中止 IGBT(FS-IGBT),ABB 公司将其命名为软穿通(SPT),但其基本原理是一致的。目前,科学家又在开展具有“反向阻断型”(逆阻型)功能或具有“反向导通型”(逆导型)功能的新概念 IGBT 的研究,以进一步优化 IGBT 的性能。

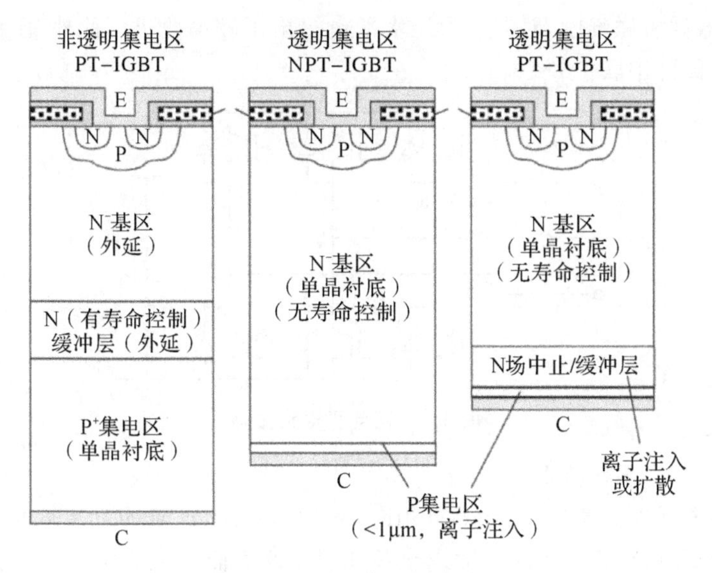

图 3.5　IGBT 体结构的演化

(二)应用

IGBT 的快速发展大大推动了直流输电的发展,出现了以电压源换流器(Voltage Source Converter,VSC)和 IGBT 为基础的柔性直流输电技术。柔性直流输电技术用于可再生能源并网、分布式发电并网、孤岛供电、大型城市电网供电等方面。[24,25]特别是在风力发电并网、海上平台供电和大型城市电网供电方面,柔性直流输电系统的综合优势更加明显。国家能源局指出,“十二五”期间要重点解决大型风电等可再生能源基地并网的瓶颈问题。为解决新能源并网问题,世界各国进行了多种尝试,柔性直流输电是保证新能源接入的最好方式之一。

2006 年,国内开始研发柔性直流输电系统;2011 年,中国自主研发的上海南汇风电场柔性直流输电示范工程投入运行;2013 年,南澳多端柔性直流输电示范工程投入运行,2014 年,舟山五端柔性直流输电工程投入运行。柔性直流输电技术凭借其优异的技术特点大有替代传统直流输电技术之势,目前正朝着更高电压、更大容量、多端化、网络化方向发展。而作为柔性输电的核心设备,高压大功率电压源型换流阀目前有三种拓扑:基于 IGBT 器件直接串联的电压源型换流阀、基于换流单元串联的模块化多电平电压源型换流阀和基于压接型 IGBT 器件串联与换流单元串联相结合的电压源型换流阀。IGBT 在不同换流阀拓扑中的应用及不同拓扑对 IGBT 特性的需求如下。

(1)两电平

两电平电压源换流器采取串联压接式 IGBT,如图 3.6 所示,其具有结构简单、易于工程实施与组装的优点,同时结构上的简洁也带来整体系统可靠性的提高,两电平电路拓扑是最常见的电路拓扑结构。但是,由于直流侧电压较高,需要多个 IGBT 串联,对 IGBT 模块串联均压提出了考验,因此要求 IGBT 参数一致性好,保证模块的串联均压。

同时,为降低器件串联难度,对器件耐压水平也提出了较高要求。此外,压接式封装的短路模式更利于器件串联。

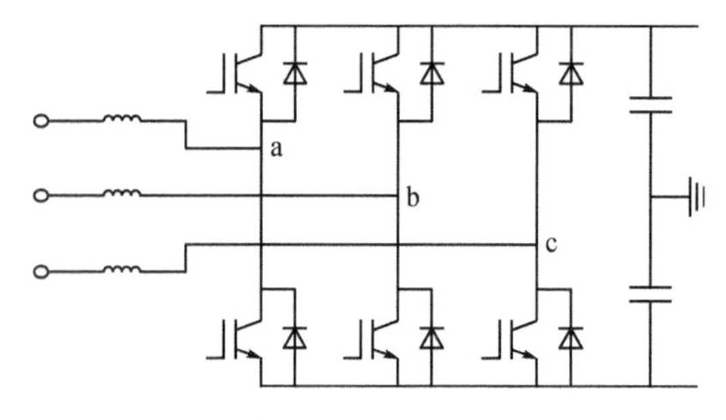

图 3.6 两电平电路拓扑

(2)模块化多电平换流器

模块化多电平换流器(Modular Multi-Level Converter,MMC)是通过一系列结构相同的子模块(Sub-moduie,SM,半桥或全桥形式)级联而成的,如图 3.7 所示。与基于 IGBT 串联阀的两电平或三电平换流器相比,MMC 避开了 IGBT 串联动态均压控制的难点,因其模块化特性,易于扩展电压、容量,开关频率与损耗较低。因此,在 MMC 拓扑中,宜采用低通态损耗的 IGBT 芯片。上海南汇柔性直流输电示范工程两端的换流站均采用 49 电平的模块化多电平拓扑结构,该拓扑结构已经在工业界取得了较高的认可度。但是其开关器件数目增加一倍(全桥增加两倍),控制系统复杂性大幅提高,同时子模块电容电压间的平衡控制也较难。

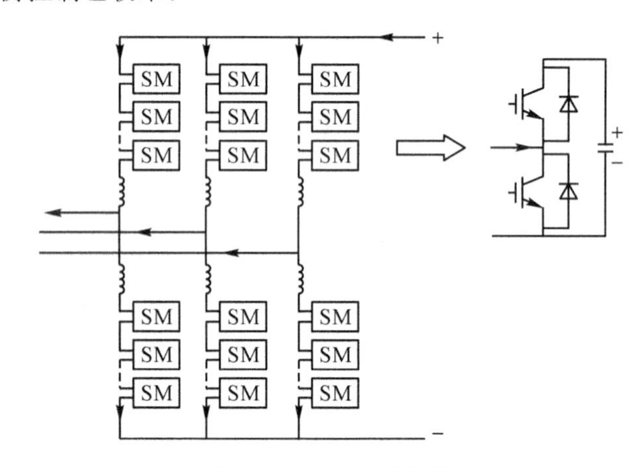

图 3.7 MMC 电路拓扑

(3)级联两电平

2010 年 ABB 公司提出了一种新的多电平电压源换流器拓扑——级联两电平(Cascaded Two Level,CTL),其典型拓扑如图 3.8 所示。其核心思路为:①使用压接式的具有短路失效模式的 IGBT,以提高子模块可靠性,简化子模块硬件设计;②使 IGBT 阀级控制较简单。级联两电平 VSC 结合了模块化多电平技术和 IGBT 串联技术,具有模块化特性,易于扩展电压和容量,开关频率低,损耗小,电平数少,控制保护系统简单,尤其适用于更高电压等级(±320kV)且更大容量的柔性直流输电应用场合。

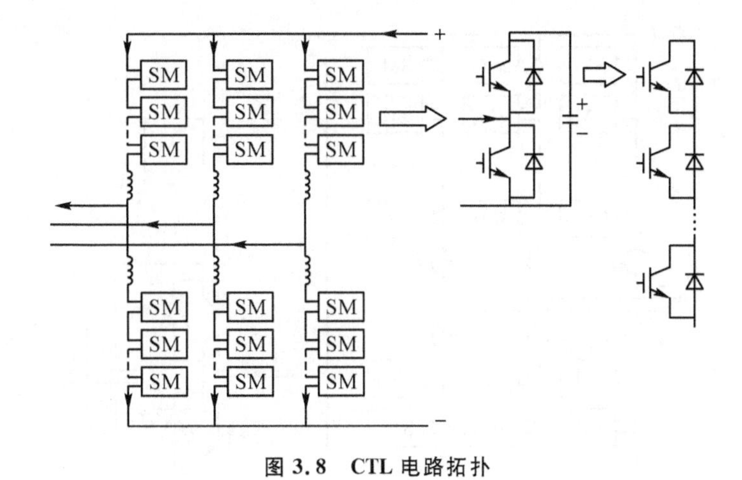

图 3.8 CTL 电路拓扑

六、南澳多端柔性直流输电示范工程系统集成设计方案

南澳多端柔性直流输电示范工程(简称南澳柔直工程)于 2013 年 12 月 25 日正式投入运行,该期工程建成电压等级为±160kV,输送容量为 200MW 的三端柔性直流输电系统[26],服务于青澳、牛头岭和云澳风电场,待塔屿风电场投产后将扩建成四端柔性直流输电系统。[27]

南澳柔直工程是世界上第一个基于电压源型换流器的多端直流输电(Voltage Source Converter based Multi-Terminal Direct Current, VSC-MTDC)工程。本节重点介绍该工程的系统集成设计方案,包括系统接线方式、运行方式和工程主要参数,分析系统三端启动过程,并总结该工程的主要创新点。

(一)多端柔性直流输电技术

1. 模块化多电平换流器与多端柔性直流输电

模块化多电平换流器(MMC)的拓扑结构如图 3.9 所示。

MMC 各相上下桥臂分别由若干个相同的子模块(SM)和一个桥臂电抗器串联构成。每个子模块又分别由两个 IGBT 和相应的反向续流二极管以及一个电容构成,子模块输出电容电压 U_c 或零。通过改变子模块数量,可以灵活地改变换流器的输出电压及功率等级,得到较高电平的多电平输出,其波形质量好,而且可以用较低的开关频率实现很高的等效开关频率,换流器损耗小。

基于 MMC 的多端柔性直流输电系统(VSC-MT DC)由三个以上换流站和换流站间的直流输电线路组成,它能够联系多个交流系统,实现多电源供电、多落点受电,是一种

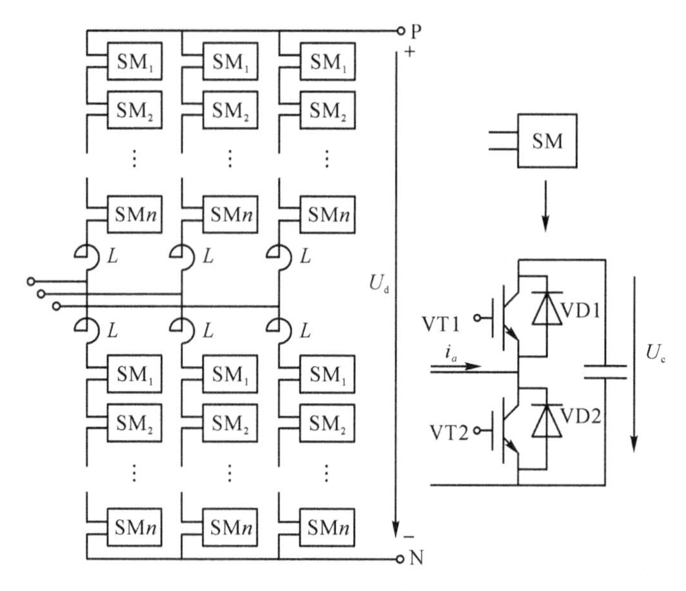

图 3.9 MMC 拓扑结构

比传统直流 HVDC 更为灵活、可靠的输电方式，其系统运行方式、协调控制模式、保护配置等策略都是关键技术和研究热点。

2. 多端柔性直流输电系统接线方式

多端柔性直流输电系统的接线方式大体可分为两类:并联接线和串联接线。因为电压源型换流器在运行过程中需要有稳定的直流侧电压，所以多端柔性直流输电系统接线方式一般为并联接线。并联接线又分为树枝式和环网式，如图 3.10 所示。并联接线系统中所有换流站并联连接，运行在同一直流电压下，换流站之间的功率分配可以通过改变换流站的电流来实现。其中，由一个换流站来控制系统直流电压，并维持整个多端柔性直流输电系统的功率平衡，其余换流站则根据实际连接的交流电网的类型，采用所需的控制方式。

3. 南澳柔直工程的接线方式

南澳柔直工程采用树枝式并联接线，见图 3.10(a)。在南澳岛上建设 2 个送端换流站(金牛站和青澳站)，在澄海区塑城站近区建设 1 个受端换流站(塑城站)。牛头岭和云澳风电场通过金牛换流站送出，青澳风电场接入青澳换流站，并通过青澳—金牛的直流线路汇集至金牛换流站，然后将汇集至金牛换流站的电力通过直流架空线和电缆混合线路送出至大陆塑城换流站。

南澳柔直工程将南澳岛的风电场电力通过与其连接的南澳电网及汕头主网安全送出，同时保障南澳岛供电安全，并减少风电功率的波动对当地薄弱电网的影响。基于系统可靠性和经济性的考虑，该工程换流站采用单换流器双极接线方式。

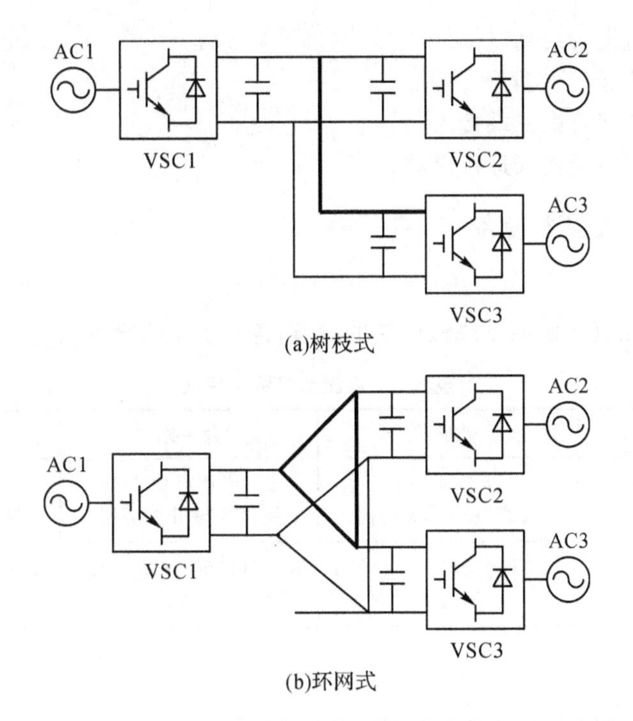

图 3.10　多端柔性直流输电系统并联接线方式（以三端为例）

（二）南澳柔直工程的系统集成设计方案

1. 系统运行方式、控制模式及启动

南澳柔直工程的主要运行方式有如下方面。

（1）交直流并联运行方式。

（2）纯直流运行方式。

（3）STATCOM 运行方式。

三个换流站能够调节无功输出，实现对换流站内无功就地补偿和近区电网电压的动态无功补偿。

南澳柔直工程的主要控制模式有如下方面。

（1）有功功率控制。

（2）无功功率控制。

（3）直流电压控制。

（4）交流电压控制。

（5）频率控制。

柔性直流输电系统启动时，采用在充电回路中串接启动电阻，通过交流侧系统电压对直流电容进行充电。设计的柔性直流启动方式有如下方面。

（1）单站 STATCOM 运行启动。

(2) 两端直流运行启动。

(3) 三端直流运行启动。

(4) 两端直流运行第三端接入。

(5) 柔性直流单独接入运行启动。

2. 南澳柔直工程主设备

(1)换流阀

换流阀是柔性直流输电系统最底层的设备,各站换流阀参数及特征如表 3.3 所示。

表 3.3 换流阀参数和特征

换流阀参数和特征	塑城站	金牛站	青澳站
功率模块	半桥模块, 快速电子开关旁路	半桥模块, 快速机械开关旁路	半桥模块, 快速机械开关旁路
模块开关器件	IEGT(4500V/1500A), 压接式	IGBT(3300V/1000A), 模块式	IGBT(3300V/400A), 模块式
桥臂子模块数	147 个	220 个	220 个
桥臂冗余子模块数	14 个	20 个	20 个
冗余度	10%	10%	10%

(2)桥臂电抗器

桥臂电抗器是换流器与交流系统之间传输功率的纽带,它决定了换流阀的功率输送范围,以及有功功率和无功功率的控制。同时,桥臂电抗器具有如下功能:抑制换流阀输出电流和电压中的开关频率谐波量,起到滤波作用;当系统发生扰动或短路时,抑制电流上升率和限制短路电流的峰值。

MMC 的每个桥臂均配置一个电抗器,该桥臂电抗器型式为干式空心,自然风冷。

(3)控制保护设备

南澳柔直工程换流站控制保护系统包括:直流控制保护系统、运行人员控制系统、交统、交流保流及直流暂态故障录波系统、直流线路故障定位系护系统、调度自动化系统、电能计量系统、全站保护与故障录波管理系统、站辅助系统,以及上述系统与通信系统的接口。

基本控制功能包括:直流控制方式的选择、柔性直流系统的正常起动/停运控制、柔性直流系统的状态控制、换流站内主设备及辅助设备的操作控制、开路试验控制、功率传输方向控制、适应纯直流接入运行方式的控制、风电通过柔直单独接入控制,要求直流控制系统的平均无故障时间不低于 40000h、被测直流功率值的精度保持在额定功率指令的±1%之内、被测电流值的精度保持在额定电流指令的±0.5%的范围内。

柔性直流输电系统的保护所覆盖的区域主要包括下述方面。

①交流场保护区(含变压器保护):交流低电压保护、交流过电压保护、中性点电阻热过载保护。

②变压器二次侧交流母线保护区:交流连接母线过流保护、交流连接母线接地保护、

启动回路差动保护、启动回路热过载保护。

③换流器保护区（包括正极和负极）：桥臂差动保护、桥臂过流保护、阀直流过流保护、桥臂电抗器差动保护、桥臂电抗器谐波保护。

④直流场（包括直流公共线路）保护区：直流电压不平衡保护、直流低电压过流保护、直流过电压保护、直流低电压保护、直流场区接地过流保护、交直流碰线保护、50Hz保护。

（4）直流输电线路

南澳柔直工程不设置接地极，没有相应的接地极线路。

新建的配套直流线路包括如下方面。

①±160kV 青澳换流站至金牛换流站直流送电架空线路。

②±160kV 金牛换流站至塑城换流站直流送电线路，包括数段±160kV 直流陆地电缆线路和±160kV 直流海底电缆线路。

这两条线路均按单回路设计。

（三）南澳柔直工程的三端启动

以下以交直流并联运行方式为例，说明塑城—金牛—青澳三端的启动过程，流程如下。

（1）各站处于热备用状态，直流极连接。

（2）闭合塑城站交流断路器，对塑城站进行自励充电，直到子模块电容电压达到约0.83p.u.，然后退出塑城站充电电阻。同时，金牛站和青澳站由于和塑城站直流相连，也会通过他励模式进行一定程度的充电。

（3）闭合青澳站交流断路器，对青澳站进行自励充电，直到子模块电容电压达到0.83p.u.。退出青澳站充电电阻。

（4）闭合金牛站交流断路器，对金牛站进行自励充电，直到子模块电容电压达到0.83p.u.。退出金牛站充电电阻。

（5）对塑城站进行解锁，直流电压目标值设定为1.0p.u.附近。

（6）对青澳站进行解锁，工作在最小电流模式。

（7）对金牛站进行解锁，工作在最小电流模式。

（8）将塑城站直流电压抬升至额定值。青澳站和金牛站随着塑城站直流电压的抬升会有电容电压充电过程。

（9）将塑城站、金牛站和青澳站的功率抬升至设定值。

（10）三端系统进入交直流并联运行。

VSC-MTDC 系统具有扩建容易、应用领域广泛的特点。南澳柔直工程是世界上第一个 VSC-MTDC 示范工程，工程设备百分之百国产化。

南澳柔直工程解决了柔性直流输电领域的一系列关键技术问题，多项核心技术在该工程中实现了首次应用，诸如：多端柔性直流系统的系统研究与集成设计方案；三端柔性直流输电工程的建设、调试和运行技术；使用架空线与电缆的混合接线技术；多端柔性直流输电系统控制保护方案等。

但是,该工程也存在一些不足,例如,直流侧没有加装直流断路器,尚未实现架空线路故障自动切除等。

七、结语

(1)柔性直流输电除了具备传统直流输电固有的优点以外,还具有四象限运行、对交流系统要求低、可向无源网络供电,以及占地面积小等优势,因此在一些特定的场合,如长距离的跨海电缆送电、拥挤的城市供电、远距离向弱交流系统供电等得到较多应用。同时由于它在功率反向时改变电流方向而电压极性不变,因此对于未来可能建设的直流电网是一种很好的解决方案。

(2)但目前受到电压源型换流器件的工艺及参数水平、工作机制,以及线路故障后的恢复慢等限制,柔性直流输电仍然有许多局限性,如控制系统要求高、输送容量小、损耗大、造价高、输电距离短,等等,因此还不能很好地应用于高电压、大容量、长距离送电场景,但这必将是柔性直流输电的一个重要发展方向。

(3)未来随着电力电子器件、计算机控制等技术的不断发展,柔性直流输电的输送容量、电压等级将不断提高,而系统损耗和成本将逐渐下降,加上我国能源战略和能源结构的有序调整和完善,以及国内外工程运行经验的不断积累,柔性直流输电将会在更多领域得到更广泛的应用。

参考文献

[1] 汤广福,贺之渊,庞辉. 柔性直流输电工程技术研究、应用及发展[J]. 电力系统自动化,2013(15):3-14.

[2] 汤广福. 基于电压源换流器的高压直流输电技术[M]. 北京:中国电力出版社,2010:3.

[3] Marquardt R. Modular multilevel converter: An universal concept for HVDC-networks and extended DC-bus-applications[C]. The 2010 International Power Electronics Conference—ECCE ASIA, 2010:502-507.

[4] 马为民,吴方劼,杨一鸣,等. 柔性直流输电技术的现状及应用前景分析[J]. 高电压技术,2014(8):2429-2439.

[5] 李岩,罗雨,许树楷,周月宾,等. 柔性直流输电技术:应用、进步与期望[J]. 南方电网技术,2015(1):7-13.

[6] 陈鹤林,徐政. 海上风电场柔性直流输电并网系统暂态特性研究[J]. 太阳能学报,2015(2):430-439.

[7] Glasdam J, Hjerrild J, Kocewiak Ł H and Bak C L. Review on multi-level voltage source converter based HVDC technologies for grid connection of large offshore wind farms[C]. 2012 IEEE International Conference on Power System Technology (POWERCON), 2012:1-6.

[8] 管敏渊,徐政. MMC型柔性直流输电系统无源网络供电的直接电压控制[J]. 电力自动化设备,2012(12):1-5.

[9] 陈晴,薛源,王克,张哲任,等. 用于海上风电并网的柔性直流系统过电压和绝缘配合研究[J]. 高压电器,2019(4):178-184.

[10] 傅春翔,汪天呈,郦洪柯,等. 用于海上风电并网的柔性直流系统接地方式研究[J]. 电力系统保护与控制,2019(20):119-126.

[11] 杨立敏,李耀华,李子欣,王平. MMC子模块故障下能量再平衡控制与安全运行域分析[J]. 电力自动化设备,2018(4):52-59.

[12] 陈启超,李晖,吴文传,等. 渝鄂背靠背柔性直流频率限值控制器优化设计[J]. 电网技术,2020(1):385-392.

[13] 杨立敏,朱艺颖,郭强,等. 基于HYPERSIM的柔性直流输电系统数模混合仿真建模及试验[J]. 电网技术,2020(11):4055-4062.

[14] Saad H, Dennetière S, Mahseredjian J, et al. Modular multilevel converter models for electromagnetic transients[J]. IEEE Transactions on Power Delivery, 2014, 29(3):1481-1489.

[15] 罗雨,饶宏,许树楷,等. 级联多电平换流器的高效仿真模型[J]. 中国电机工程学报,2014(15):2346-2352.

[16] Gnanarathna U N, Gole A M, Jayasinghe R P. Efficient modeling of modular multilevel HVDC converters (MMC) on electromagnetic transient simulation programs[J]. IEEE Transactions on Power Delivery,2011, 26(1):316-324.

[17] Xu J,Zhao C,Liu W,et al. Accelerated model of modular multilevel converters in PSCAD/EMTDC[J]. IEEE Transactions on Power Delivery,2013, 28(1):129-136.

[18] 朱艺颖,于钊,李柏青,等. 大规模交直流电网电磁暂态数模混合仿真平台构建及验证(二)直流输电工程数模混合仿真建模及验证[J]. 电力系统自动化,2018(22):32-37.

[19] 贺之渊,刘栋,庞辉. 柔性直流与直流电网仿真技术研究[J]. 电网技术,2018(1):1-12.

[20] 孙栩,曹士冬,卜广全,等. 架空线柔性直流电网构建方案[J]. 电网技术,2016(3):678-682.

[21] 董鹏,朱艺颖,郭强,等. 基于HYPERSIM的直流输电系统数模混合仿真接口技术研究[J]. 电网技术,2018(12):3895-3902.

[22] 北京网联直流工程技术有限公司. 舟山多端柔性直流输电科技示范工程成套设计报告[R]. 北京网联直流工程技术有限公司,2012:77-83.

[23] 于坤山,谢立军,金锐. IGBT技术进展及其在柔性直流输电中的应用[J]. 电力系统自动化,2016(6):139-143.

[24] 张东辉,冯晓东,孙景强,等. 柔性直流输电应用于南方电网的研究[J]. 南方电网技术,2011(2):1-6.

[25] 王熙骏,包海龙,叶军. 柔性直流输电技术及其示范工程[J]. 供用电,2011(2):23-26,80.

[26] 李扶中,周敏,贺艳芝,等. 南澳多端柔性直流输电示范工程系统接入与换流站设计方案[J]. 南方电网技术,2015(1):58-62.

[27] 杨柳,黎小林,许树楷,等. 南澳多端柔性直流输电示范工程系统集成设计方案[J]. 南方电网技术,2015(1):63-67.

专题四：柔性交流输电技术

一、柔性交流输电技术简介

当前，环境污染、能源短缺等问题是人类在发展进程中不得不面对的，为此，2014年6月，中央财经领导小组第六次会议上提出了“四个革命、一个合作”的能源安全战略，指明了我国能源清洁化、低碳化的前进方向，构建清洁、低碳的新一代能源体系。智能电网作为新一代能源体系的核心平台应运而生，并将发挥巨大作用。柔性交流输电系统集合电力电子和现代控制技术的前沿成果，可有效调控线路的潮流，提升电能输送能力，减少系统损耗，稳固系统运行的稳定性。[1]柔性交流输电技术（Flexible Alternating Current Transmission Technology，FACTS）将对我国进一步构建智能电网产生巨大影响。[2]

柔性交流输电技术是一种将电力电子技术、微机处理技术、控制技术等高新技术应用于高压输电系统，以提高系统的可靠性、可控性、运行性能和电能质量，并获取大量节能效益的新型综合技术，世界各国电力界对这项具有革命性变革作用的新技术格外重视。[3]

FACTS发展的背景是基于输电线运行的需要、电力电子技术和元器件的发展支持、已有FACTS技术产品的研制和运行经验的积累等四个方面。

FACTS具有控制交流输电系统相关参数的能力（如串联阻抗、相角），抑制系统中出现的振荡，使输电线路运行在热稳定的额定范围内，并使电力潮流得到连续控制、增加控制区域内转换功率的能力。电力电子技术的发展是实现FACTS的关键。目前大容量的电力电子器件如GTO晶闸管已经商品化，它能在十几 μ_s 内切断和导通6000V电压、6000A电流的功率，而其重量只有1～2kg。电力电子器件配套的驱动、串并联、保护和冷却等技术日趋完善，使电力电子控制器的组合应用成为可能，目前已获得成功应用的组合装置有：静止同步补偿器（Static Synchronous Compensator，STATCOM）、可控串联补偿器（Thyristor Controlled Series Compensation，TCSC）、静止同步串联补偿器（Static Synchronous Series Compensator，SSSC）、可转换静止补偿器（Convertible Static Compensator，CSC）、统一潮流控制器（Unified Power Flow Controller，UPFC）、相间功率控制器（Interphase Power Controller，IPC）、线间潮流控制器（Interline Power Flow Controller，IPFC）、电压源换流器（Voltage Source Converter，VSC）、静止无功发生器

(Static Var Generator,SVG)、静止无功补偿器(Static Var Compensator,SVC)晶闸管控制电压调节器(Thyristor Controlled Voltage Regulator,TCVR)、晶闸管控制移相器(Thyristor Controlled Phase Shifter,TCPS)、超导储能系统(Superconducting Magnetics Energy Storage,SMES)等。这些装置同微处理器的速度和精度一起运作,为电力网提供了前所未有的控制,能高效利用电网资源和电能,预示着电网控制的未来。

(一)柔性交流输电技术的定义

柔性交流输电技术起初由美国电力科学研究院的 Hingorani 博士于 1986 年首次提出。[4]随后,专门设立的 FACTS 标准术语和定义特别工作组正式、严格地将其定义为[5]:以电力电子技术和其他静止型控制器为基础,增强可控性并提高功率传输容量的交流输电系统。FACTS 近年来得以迅猛发展离不开其显著的优点和作用,总结如表 4.1 所示。

表 4.1 FACTS 的特点与优点[1]

作用维度	作用效果
实时控制	控制潮流,减少线损,优化系统运行,提高安全性
提高传输容量	减少发电机备用容量
缩减故障恢复时间	降低停电造成的损失,提高动态响应速率和可靠性
减弱振荡	减弱各类振荡以免损坏系统,特别是次同步谐振

如今,FACTS 设备种类繁多,按技术成熟程度的不同可分为如表 4.2 所示的三类。

表 4.2 FACTS 的分类(按技术成熟程度)

分类	主要元件	功能及作用
第一类	静止无功补偿器(SVC)	提供并联无功补偿、动态电压支撑,调控系统电压
	可控串联补偿器(TCSC)	通过可控硅整流器(Silicon Contralled Rectifier,SCR)调控串联于输电线上的电容器组来改变线路阻抗,以此改善输送能力,调节线路潮流
第二类	静止同步补偿器(STATCOM)	用于并联的动态无功补偿,为系统提供电压支撑
	统一潮流控制器(UPFC)	功能强大,可同时对电压、有功和无功展开控制,能提高系统暂态稳定性、抑制功率振荡
第三类	静止同步串联补偿器(SSSC)	通过减少或增加线路上的无功压降而控制传输功率的大小,同时起到有功补偿的作用
	晶闸管控制移相器(TCPS)	产生并叠加相位与控制相电压垂直的相量,实现控制移相
	相间功率控制器(IPC)	调整各支路的相移或阻抗以控制线路有功、无功功率

FACTS 按其连接在系统中的形式又可分为并联型、串联型和综合型三类,如表 4.3 所示。

表 4.3　FACTS 装置分类(按照连接方式)

分类	包含主要元件	功能及作用
并联型	SVC、STATCOM	直接调节节点功率和电压,即施行调节电网潮流的间接手段
串联型	TCSC、SSSC	控制线路有功潮流,提高系统的暂态稳定性
综合型	UPFC、TCPS	能控制阻抗、电压和相角,实现潮流调控,抑制系统功率振荡

并联型 FACTS 设备包括 SVC 和 STATCOM,主要用于电压控制和无功潮流控制;串联型 FACTS 包括可控串联补偿器(TCSC)和基于门极可关断晶闸管(Gate-Turn-Off Thyristor,GTO)的静止同步串联补偿器(SSSC),主要用于输电线路的有功潮流控制、系统的暂态稳定和抑制系统功率振荡;综合型 FACTS 设备主要包括潮流控制器(UPFC)和晶闸管控制移相器(TCPS),UPFC 适用于电压控制、有功和无功潮流控制、暂态稳定和抑制系统功率振荡,TCPS 适用于系统的有功潮流控制和抑制系统功率振荡。各种类型设备的技术原理介绍如下。[6]

(1)并联型 FACTS 装置

典型的并联型 FACTS 设备是 SVC 和 STATCOM,它们代表了 FACTS 技术发展的两个阶段。

SVC 是指由固定电容器组、晶闸管投切电容器(Thyristor Switched Capacitor,TSC)和晶闸管控制电抗器(Thyristor Controlled Reactor,TCR)组合而成的无功补偿系统。通过调节 TSC 和 TCR,使整个设备的无功输出呈连续变化,静态和动态地使电压保持在一定范围内,提高系统的稳定性,但由于这种设备在电网电压的波动超出一定范围时表现出恒阻抗特性,因而在电网电压波动大时不能充分发挥其作用。

STATCOM 主回路主要由大功率电力电子器件(如 GTO)组成的电压型逆变器和并联直流电容器构成,是与传统 SVC 原理完全不同的无功补偿系统。这种装置脱离了以往无功功率概念的束缚,不采用常规电容器和电抗器来实现无功补偿,而是利用逆变器产生无功功率。它所输出的三相交流电压 V_0 通过变压器与系统电压 V_s 同步,并通过控制 V_0 来调节无功功率的输出,当 $V_0>V_s$ 时,输出容性无功功率;当 $V_0<V_s$ 时,输出感性无功功率。因此,设备无功功率的大小都由它输出的电流来调整,而其输出的电流与系统电压基本无关。这些功能、原理上类似于同步调相机,但它是完全静态装置,因此 STATCOM 又称为静止调相器,它的动态性能远优于同步调相机,启动无冲击,调节连续范围大,响应速度快,损耗小。由于 STATCOM 采用了 GTO,可以避免换相失败,直流侧的电容器只用来维持直流电压,不需要很大的容量,而且可以用直流电容器构成,因而装置体积小且经济。

(2)串联型 FACTS 装置

典型的串联型 FACTS 装置是可控串联补偿器(TCSC)和基于 GTO 的串联补偿器(SSSC)。TCSC 通常是指采取晶闸管控制的分路电抗器与串联电容器组并联组成的串联无功补偿系统,通过改变晶闸管的触发角来改变分路电抗器的电流,使串联补偿器的等效阻抗大小能够连续平滑快速变化,因而 TCSC 可以等效成一个容量连续可变的电容器,其接入的输电线路的等效阻抗也可以连续变化,在给定线路两端电压和相角的情况下,线路的输送功率将实现快速连续控制,以适应系统负载变化和动态干扰,达到控制线路潮流、提高系统暂态稳定极限的目的,也可以用于阻尼系统功率振荡和抑制次同步振荡。

SSSC是指采用大功率电力电子器件(如GTO)组成的电压型逆变器和并联直流电容器构成的串联补偿器,其基本结构和STATCOM类似,不同的是该装置通过变压器串接入高压线路中,但原理与TCSC不同,TCSC在串入线路中可以等效成可变容抗,而串入的SSSC可以等效成电压源,其输出的是与串入线路的电流幅值基本无关的电压量,通过控制换流器,连续改变其输出电压的幅值和相位,从而改变线路两端的电压(幅值和相位),实现对线路有功、无功潮流的控制和阻尼系统的功率振荡,提高系统暂态稳定极限的目的。

(3)综合型FACTS装置

典型的综合型FACTS设备是统一潮流控制器(UPFC)。UPFC是将并联补偿的STATCOM和串联补偿的SSSC组合成具有一个共同统一的控制系统的新型潮流控制器,它结合了多种FACTS技术的灵活控制手段,是FACTS技术中功能最强大的装置,它通过将换流器产生的交流电压串接入相应的输电线上,使其幅值和相角均可连续变化,从而控制线路等效阻抗、电压或功角,同时控制输电线路的有功和无功潮流,提高线路输送能力和阻尼系统振荡。它最基本的特点之一是注入系统的无功由其本身装置控制和产生,但注入系统的有功必须通过直流回路由并联回路STATCOM传至串联回路SSSC,UPFC作为一个整体,并不大量消耗或提供有功功率。

(二)FACTS技术的特点

FACTS技术是基于电力电子技术改造交流输电的系列技术,它对交流电的无功功率、电压、电抗和相角可以进行控制,从而有效提高交流系统的安全稳定性,满足电力系统长距离、大功率安全稳定输送电力的要求,FACTS技术从根本上改变了交流电网过去基本上只依靠缓慢、间断以及不精确设备进行机械控制的局面,为交流输电网提供了快速、连续和精确的控制手段以及输送优化潮流功率的能力,同时保证了系统稳定性,且有助于在事故发生时防止连续反应造成的大面积停电。[7]

FACTS技术的主要特点可以概括如下。[8]

(1)FACTS技术完全能与原输电方式协调。

(2)采用电力电子开关,无机械磨损,控制信号功率小,控制灵活性高。

(3)能快速、平滑调节,可灵活、方便、迅速地改变系统潮流分布。

(4)线路的输送能力可增大到接近导线的热极限,提高了送电线路的利用率。

(5)备用发电机组容量可以从典型的18%减少到15%,甚至更少,因而提高了联络线的输电能力,减少了发电机备用容量。

(6)电网和设备故障的影响可以得到有效控制,防止事故扩大,减轻系统事故的影响。

(7)采用了电子开关,能快速而连续地对一次设备进行控制,提高系统阻尼,消除电力系统振荡,提高系统的稳定性。

(8)经济性好。

总之,FACTS技术是将电力技术、微处理技术和控制技术等高新技术集中应用于高压输电系统,以提高输电系统可靠性、可控性、运行性能和电能质量并获取大量节电效益的一种新型综合技术。

(三)FACTS技术的发展过程

FACTS技术的发展经历了30多年,按其性能和功能的不同可划分为三代。

(1)第一代FACTS技术

从20世纪70年代出现SVC开始,FACTS装置主要由晶闸管开关快速控制的电容器和电抗器组成,用以提供动态电压支持,其技术基础是常规晶闸管整流器械(即SCR),后出现了由晶闸管控制的串联电容器(即TCSC),它利用SCR控制串接在输电线路中的电容器组来控制线路阻抗,从而提高输送能力。

(2)第二代FACTS技术

第二代FACTS装置同样具有支持电压和控制功率等功能,但在外部回路中不需要加设大型的电力设备(指电容器和电抗器组或移相变压器等)。装置的外部回路中不需要加设大型的电力设备(指电容器和电抗器组或移相变压器等)。例如,静止无功发生器(SVG)和静止同步串联补偿器(SSSC)设备采用了门极可关断设备等全控制器件,其电子回路模拟出电容器和电抗器组的作用,装置造价大大降低,性能大大提高。

(3)第三代FACTS技术

将两台或多台控制器复合成FACTS装置,并使其具有一个共同的、统一的控制系统。如将一台STATCOM和一台SSSC复合而成的统一潮流控制器(UPFC),它可以通过控制线路阻抗、电压或功角的方法同时控制输电线路的有功和无功潮流。调节双回路潮流的线间潮流控制器(IFPC)和晶闸管控制移相器(TCPS)都属于复合控制器。

FACTS技术在配电领域也取得了显著进展,它主要用于改善配电网的电压和电流质量,包括有功、无功电压、电流的控制,高次谐波的消除,蓄能等的应用。目前已开发的装置有静止无功补偿器(SVC)、配电静止同步补偿器(Distribution Static Synchronous Compensator,D-STATCOM)、电池储能系统(Battery Energy Storage System,BESS)、超导蓄能系统(SMES)、有源电力滤波器(Active Power Filter,APF)、动态电压限制器(Dynamic Voltage Limiter,DVL)及固态断路器(Solid State Circuit Breaker,SSCB)等。

二、FACTS在输电系统中的作用

FACTS技术广泛应用于输电网络,其作用如下。[3]

(1)提高输电线路的输送容量

采用FACTS技术可使输电线路的输送功率极限大幅度提高至接近导线的热极限,这样可减缓新建输电线路的需要,提高输电线路的利用率。FACTS的出现对电网的建设规划和设计将产生重大影响。

(2)优化输电网络的运行条件

FACTS控制器有助于减少和消除环流或振荡等大电网痼疾,解决输电网中"瓶颈"环节的问题;有助于在电网中建立输送通道,为电力市场创造电力定向输送的条件,提高现有输电网的稳定性、可靠性和供电质量;可以保证更合理的最小网损并减小系统热备用容量;还有助于防止连锁性事故扩大,减少事故恢复时间及停电损失。

通过对FACTS设备快速、平滑的调整,可以方便、迅速地改变系统潮流分布。这对于正常运行方式下控制功率走向以充分挖掘现有网络的传输能力以及在事故情况下防止因某些线路过负荷而引起的连锁跳闸是十分有利的。

(3)扩展了电网的运行控制技术

FACTS控制器一方面可对已有常规稳定或反事故控制(如调速器附加控制、气门快并控制、自动重合闸装置等)的功能起到补充、扩大和改进的作用。另一方面,电网的能量管理系统(Energy Management System,EMS)必然要将FACTS控制器的作用综合进去,使得EMS中的自动发电控制(Automatic Generation Control,AGC)、经济调度控制(Economic Dispatch Control)和最优潮流(Optimal Power Flow,OPF)等功能的效益得到提高,有助于建设全网统一的实时控制中心,从而使全系统的安全性和经济性有一个比较大的提高。

(4)改变了交流输电的传统应用范围

由于高压直流输电的控制手段快速灵活,当输送容量与稳定的矛盾难以调和时,有时可能通过建设直流线路来解决,但是换流站的一次投资很高。而应用FACTS控制器的方案常常比新建一条线路或换流站的方案投资要少。整套应用并协调控制的FACTS控制器组将使常规交流电柔性化,改变交流输电的功能范围,使其在更多方面发挥作用,甚至扩大到原属于高压直流输电(High Voltage Direct Current,HVDC)专有的那部分应用范围,如定向传输电力、功率调制、延长水下或地下交流输电距离等。

三、FACTS 需要解决的技术难题

(一)控制器的设计

大多数 FACTS 设备作为一种快速可控的电气元件(或参数),通过串联或并联的方式进行组合,可以看作是可控的并联阻抗(如 SVC)、可控的串联阻抗(如 TCSC)、可控的并联电源(如 STATCOM)、可控的串联电源(如 SSSC)或它们的组合(如 UPFC)。电力系统中影响潮流分布的三个主要电气参数——母线电压、线路阻抗和功角——可以得到迅速的调节,从而实现“灵活输电”。但 FACTS 设备能否在电力系统中充分发挥调节潮流、增强稳定、提高电网传输能力等方面的作用,关键是其控制器的设计水平。

(1)控制器的外环设计

在电力系统中,从宏观角度讲,FACTS 设备常常被当作一个可控电气元件(或参数),给定该元件(或参数)的指令值,比如 TCSC 或 SVC 的等效阻抗给定、STATCOM 的输出无功电流给定等,这个控制环节即 FACTS 控制器的外环。控制器的外环设计关键是确定 FACTS 设备的数学模型和确立控制的目标以提高电力系统的运行水平。

确定 FACTS 设备的数学模型相对容易。因为从大系统的观点来看,作为电力系统的一个元件,FACTS 设备怎样跟随其外环控制器输出给定值并不重要,大家更关心的是 FACTS 设备需要多长时间才可以向系统呈现出外环控制器所确定的那个“电气参数”。而且,通过仔细设计控制器的内环,可以使 FACTS 设备表现为一个快速的、动态行为良好的跟随系统。因此,在进行系统的研究时,就可以不过分深究 FACTS 设备本身的动态行为,而是把 FACTS 设备当成一个可控的具有惯性的电气元件(或参数)来对待。

控制器外环设计的另一个问题是如何从提高系统运行水平出发来确定 FACTS 设备的控制律,即如何在电力系统的各种运行状态下确定 FACTS 设备的控制目标及达到这些目标的控制策略。

多控制目标的矛盾及协调的处理方法有以下几种。

①根据系统状态辨识的不同目标,采取不同的控制方法。可以在不严重损害其他控制目标实现的前提下,依据系统在不同运行状态下的主要控制目标设计相应的最优控制器,根据对系统状态的辨识切换控制律。

②对不同控制律取折中,使各个控制目标的实现都中规中矩。这样既避免了耗时的状态辨识,也不存在控制切换带来的冲击,但却没有充分利用控制可能提供的潜力。

非线性问题是 FACTS 装置外环控制中的又一个难点。电力系统本身是一个庞大的系统,而且很多具有非平滑非线性和不可逆非线性。另外,FACTS 装置本身也都存在非线性。人们已经尝试了各种方法来解决电力系统的非线性问题,如微分几何法、逆系统方法、直接反馈线性化方法、非线性 PID 方法、变结构控制方法、模糊控制方法等,并已取

得了一定的成就。准确、快速地获得控制所需的电气参数,是有效控制的前提,也是外环控制中无法回避的问题。控制器的设计和实现在很大程度上依赖于所用的测量技术。

(2)控制器的内环设计

控制器的内环设计主要实现以下功能:使 FACTS 装置跟随其外环控制器获得给定值,确定装置中电力电子元件的触发规则,从而向系统呈现出相应的电气参数(如阻抗、无功电流等)。因此,在电力电子器件及装置控制技术中可能遇到的问题在 FACTS 控制中都会遇到,而且 FACTS 控制还有其自身特有的难点,表现为以下方面。

①同步以及精确脉冲发生问题

FACTS 装置的直接控制量是电力电子器件的触发脉冲角度,即触发脉冲与同步参考信号之间的相角差。FACTS 的控制精度与工作稳定性在很大程度上依赖于触发脉冲发生器所检测的同步信号的准确性及所产生的触发信号相位的均匀性,特别是对于大容量的 FACTS。显然,FACTS 设备只有首先与系统保持同步才有可能发挥正常的作用,而同步的实质是精确测定系统频率的问题。

②非线性控制问题

内环控制的最终目的是实现对外环给定快速跟随,采用何种控制策略实现由外环给定电气参数到电力电子元件触发角(最终控制量)的映射是控制器内环设计需要解决的另一个重要问题。

(二)保护装置的设计

FACTS 保护系统的主要难点在于故障的快速检测、保护的快速动作及重新投入所需要的条件的快速识别。由于 FACTS 装置所具有的重要作用,一方面,希望其能在系统异常甚至故障的情况下尽可能发挥作用;另一方面,大功率电力电子器件的热容量小和易损坏等特点又要求保护系统具有非常高的灵敏度和很快的动作速度。FACTS 装置如何在充分发挥其作用的同时实现有效的自我保护是发展柔性交流输电技术必须解决的技术难题。

(三)主电路方案的设计

FACTS 装置的设计要根据系统和线路的具体结构、规模、复杂程度、稳定性要求等情况做出综合分析,抓住亟待解决的主要问题、主要矛盾,综合考虑可靠性、经济性等要求。总之,FACTS 装置的设计本身是一个涉及甚广、相对复杂的过程,设计过程中遇到一些问题和困难也是难免的,只要对系统需求有准确的认识,对设计过程有较好的把握,就能设计出比较好的 FACTS 装置。

四、柔性交流输电技术在智能电网中的应用

UPFC 可以为交流输电系统提供动态补偿和实时控制,它的优越特性在于能够同时或分时控制限制潮流传输的全部因素:线路传输角、线路电压、线路阻抗等,并且通过合理的控制策略实现对线路有功和无功潮流的独立控制。UPFC 可以对电力系统潮流及系统电压进行有效控制,是一种理想的 FACTS 装置。[9]

智能电网中理想的 FACTS 装置应该是费用经济、可扩展和可控的,并且能够随着实际需要进行增量或减量部署,这样的装置才能真正称得上是可靠和实际可用的。[10]图 4.1 右侧,考虑到串并联侧公共连接的直流耦合电容降低了系统可靠性以及分布式静止串联补偿器(Distributed Static Series Compensator,DSSC)的运用,将 UPFC 公共直流电容去除并在串联侧使用多个分布式的单相变流器替换原三相变流器。改进结构后便得到新的分布式 FACTS 控制器——分布式潮流控制器(Distributed Power Flow Controller,DPFC)。此时,如果想构建串并联侧变流器之间交换有功功率的整体通路,可如图 4.2 所示,在 DPFC 中创新性地引入三次谐波电流,并联侧三相变流器吸取线路中基频的有功功率,随即经由单相变流器产生通过线路首端 Y—△变压器中性点流进输电线路的三次谐波电流。串联侧变流器能够从输电线路中吸取三次谐波,且通过注入一个幅值和相位均可调控的基频交流电压完成有功功率调控功能。剩下的三次谐波从线路末端的 Y—△变压器中性点流进大地,同并联侧中单相变流器的接地点形成回路,至此三次谐波通道构建完成。[11]

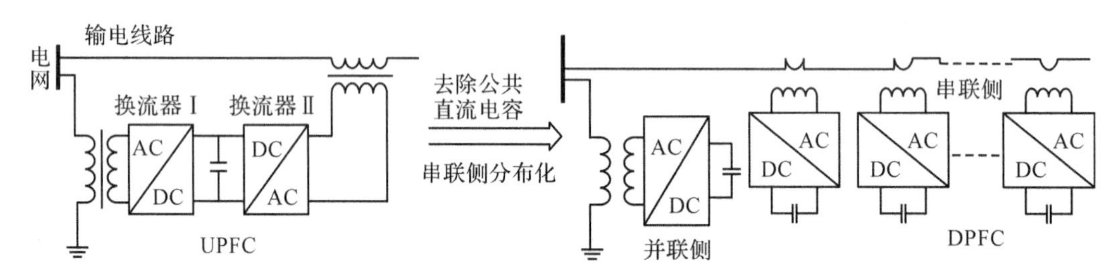

图 4.1 UPFC 到 DPFC 的演变及工作原理

DPFC 是一个相当有发展前景的灵活交流输电设备,很多专家学者正在研究它的功能和特性。和集中式的 FACTS 相比,像 DPFC 这样用分布式的方法来实现 FACTS 在经济上是有优势的,它能够依据年实际负荷增长进行加装和阶段性投资,实现资金和资源的最大化利用。相信在不久的将来,DPFC 这类分布式设备会被大量用于电网中,以全面控制系统的潮流,给电力系统带来更多的便捷。

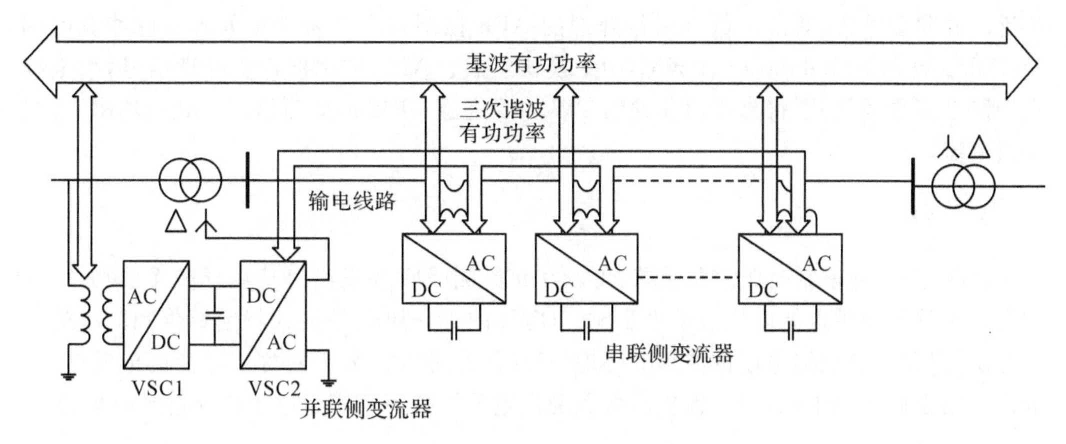

图 4.2 DPFC 功率交换通路

（一）FACTS 质量控制器

近 20 年来，以电力电子技术为基础的 FACTS 控制器得到了长足的发展。采用 GTO 晶闸管开关转换器的 FACTS 质量控制器，因其与现代智能配电网有良好的兼容性以及其控制灵活、能有效降低有功网损等特点，逐渐成为当今社会研究和发展的重点。[12] 现阶段比较主流的 FACTS 质量控制器有动态静止同步补偿器（D-STATCOM）、有源电力滤波器（APF）、动态电压恢复器（Dynamic Voltage Restorer，DVR）、统一潮流控制器（UPFC）、新型消弧线圈自动调谐控制器等，不同的 FACTS 质量控制器有不同的性能特点。

1. D-STATCOM

D-STATCOM 是并联型动态无功功率补偿装置，可以在智能配电网中起到负载补偿、减小谐波、改善电压分布、精确调节电压等作用，保证配电系统中电压与电流的平衡。[13,14] 电压发生波动和闪变时 D-STATCOM 会立即响应，注入具有适当相角和幅值的电流使电压恢复正常。D-STATCOM 有基于电压源逆变器（Voltage Source Inverter，VSI）和电流源逆变（Current Source Inverter，CSI）两种拓扑。[15] 有自我判断能力的半导体器件阵列通过无源滤波器将两种拓扑的补偿装置连接到馈线上。CSI 拓扑的交流侧并联电容器，直流侧为电流源。VSI 拓扑的交流侧通过电抗器连接到馈线，直流侧为电压源。相对而言，VSI 直流侧电容器比 CSI 直流侧电抗器更节省能耗，而且 D-STATCOM 基于 VSI 拓扑时，其耦合变压器的电感可以部分或全部替代交流滤波器的电感，因此在实际工程中，D-STATCOM 一般会采用 VSI 拓扑。

2. APF

APF 能够补偿变化的无功频率和谐波。APF 分为串联型、并联型和混合型三种。其中，并联型 APF 因其能直接向系统注入补偿电流，相当于受控电流源，因而应用最为广泛。并联型 APF 通常由负责信号处理的 APF 控制器和负责功率处理的脉冲宽度调制(Pulse Width Modulation,PWM)两个模块组成。APF 控制器负责处理信号,用来捕捉补偿电流参考值,再将参考值传递给 PWM 变流器。PWM 变流器可以处理功率,合成补偿电流。

3. DVR

DVR 是一种串联电压控制装置,可以在交流侧吸收或发出有功功率和无功功率,保护敏感负载不受供电端电压波动的影响。DVR 的工作原理是插入特定幅值和频率的电压补偿,以保持负载侧电压的波形和幅值。DVR 也可以恢复不对称或畸变的电源电压,通常应用于低压和中压场合,保护设备免受供电系统故障而产生电压暂降情况的影响。

4. UPFC

美国 Schauder 等学者最先提出了 UPFC 的概念。[16] UPFC 是由静止同步串联补偿器(SSSC)和静止无功发生器(SVG)组合而成的统一控制系统。UPFC 由主电路(串联、并联单元)和控制单元两部分组成。串联单元对电压进行补偿,并联单元对电源进行补偿,控制单元控制串联和并联单元的可控功率器件。UPFC 通过两个变压器耦合接入配电系统,主要应用于 220kV 级别的配电网。

5. 新型消弧线圈自动调谐控制器

新型消弧线圈自动调谐控制器主要由接地变压器、消弧线圈、过电压防护、控制器组成,根据配电网中电容、电流的变化,通过调节电感值使消弧线圈始终处在不产生谐振电压又能熄灭电弧的平衡状态,适用于 6～35kV 系统的输电线路。该控制器可以抑制弧光过电压幅值和谐振过电压产生,减少单相接地引起的相间故障。

(二)FACTS 技术在国内外的应用

1. FACTS 技术在美国的应用

电能质量问题一直是当今社会关注的焦点。光伏电站、风电站、水力电站等多形式、多功能的分布式电源接入导致智能配电网的电能质量出现众多严重的问题。高效的能源利用是供电、用电都需要关注的问题。在美国,因电能质量问题造成的经济损失每年高达上千亿美元。[17] 为减少经济损失,美国在 FACTS 上的研究不断深入,迄今容量最大的 FACTS 设备是由西屋公司、美国电力和美国 EPRI 合作研制的,是当今唯一的容量为 ±320Mvar 的 UPFC 装置。[18]

美国是 FACTS 技术的发源地,近年来在电网中已经投入运行和正在研究即将投入运行的主要 FACTS 工程有田纳西州 500kV Sullivan 变电站的 ±10Mvar 静止同步补偿器(STATCOM);位于肯塔基州东部 Inez 变电站的统一潮流控制器(UPFC),其主要由两个 ±160MVA 控制器组成;纽约州 Marcy 变电站的可转换静止补偿器(CSC),容量为

±200MVA。[19]

(1)STATCOM 的应用

STATCOM 是一种使用 FACTS 技术的并联补偿装置,通过与系统进行无功功率交换,维持线路电压的稳定,其作用类似于调相机,但没有转动部分,响应速度极快,是抑制系统电压波动、提高系统稳定性,特别是电压稳定的较好措施。

Sullivan 变电站位于美国田纳西州电网东北部,500kV 线路通过 1 台 1200MVA 的自耦变压器与 161kV 系统相连,带有 7 个地区变电所和 1 个工业大户。在冬季用电高峰时,如果自耦变压器分接头开关控制出现故障,将会使 161kV 母线的电压下降 10%~15%,为稳定系统电压,1995 年投入运行一套±100Mvar 的 STATCOM,变电站的一次接线图见图 4.3。

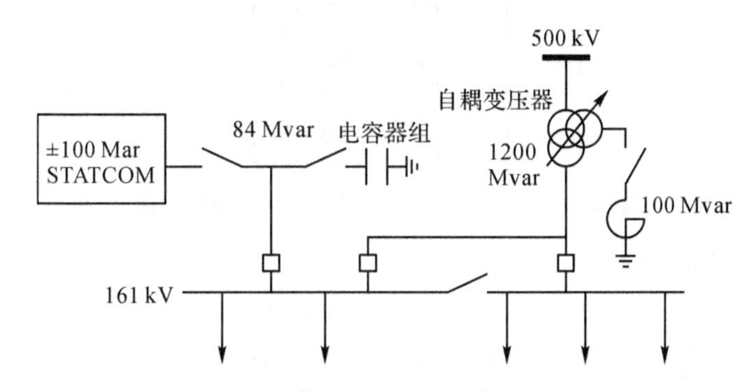

图 4.3 Sullivan 变电站一次接线图

STATCOM 中的逆变器、冷却系统和控制系统等主要设备安装在一个 27.4m×15.2m 的金属大厅内,连接变压器置于户外。在应用 STATCOM 调节 161kV 母线电压的同时,又安装了一组受 STATCOM 控制的 84Mvar 断路器投切的电容器组,调节范围到容性 184Mvar 与感性 100Mvar 范围内。在用电高峰自耦变压器分接开关已无法调节的情况下,由 STATCOM 控制 84Mvar 断路器的投切,以维持 161kV 母线电压的稳定。由于 STATCOM 的灵活调压作用,自耦变压器分接头开关动作次数从原来 250 次/月减少到 2~5 次/月,大大降低了分接开关的故障率。

另外,美国得克萨斯州和加利福尼亚州在 1998 年也分别投运了 80Mvar 和 40Mvar 的 STATCTOM。

(2)UPFC 的应用

UPFC 集合了静止无功发生器和静止同步串联补偿器两种 FACTS 控制器的功能,具有综合控制电力系统基本参数的能力,可分别实现线路串联补偿和并联补偿或同时进行串、并联补偿,能同时控制线路的有功、无功、电压和线路阻抗,快速控制系统潮流,提高输电能力,减小阻尼系统振荡。

美国肯塔基州东部 Inez 变电站的地区负荷为 2000MW,由几条长距离重负荷的 138kV 线路供电,供电网络的稳定裕度很小,一旦发生故障,就可能导致大面积的停电事故。为此,一条新的双回 138kV 线路于 1998 年 6 月建成,同时在线路上安装投运了一套±160Mvar 的 UPFC 装置,以充分利用新线路的输送容量,分别独立动态控制电压以及线路的有功和无功潮流。其一次接线图见图 4.4。从图 4.4 中可以看到两台相同的 160Mvar 电压源逆变器,通过两台并联变压器与线路并联,通过一台串联变压器与线路串联,并通过控制开关,构成灵活的接线方式。

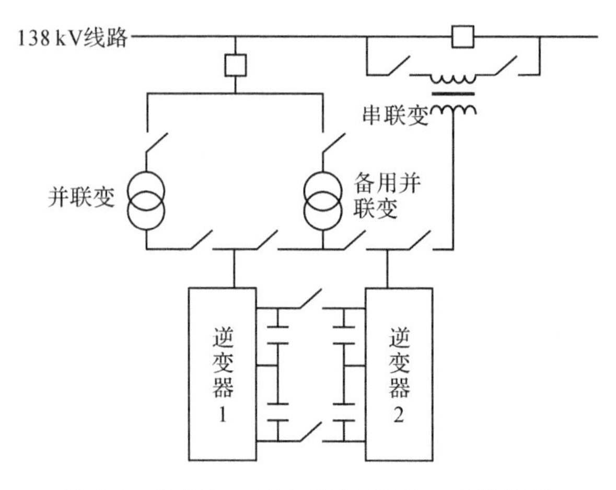

图 4.4 装于 Inez 变电站的 UPFC 一次接线图

UPFC 控制器的运行方式如下。

①在正常方式下,逆变器 1 通过并联变压器和系统相连,作为 STATCOM 运行。逆变器 2 通过串联变压器和系统相连,作为 SSSC 运行,SSSC 控制串入线路的交流电压,可动态地改变线路的电压、相位、电抗等参数和线路潮流。

②逆变器 2 也能通过备用并联变压器作为 STATCOM 运行,这时并联无功功率的调节范围可达±320Mvar,可满足地区电压稳定的要求。

③通常情况下,两个逆变器的直流侧并联运行,此时从并联端吸收的有功功率可通过直流侧转送到串联侧,进而控制线路的有功功率。当其中一个逆变器退出运行时,直流断路器分断,另一个逆变器独立运行。

安装 UPFC 后,在两条输电线路故障的情况下,仍可维持变电站母线电压的稳定,消除电压崩溃的危险。同时,可以分别灵活控制新建线路的有功和无功潮流,充分利用现有输电系统,满足用电需求,并可减少有功损失达 24MW 以上。

(3)CSC 的应用

由多个逆变器构成的可转换静止补偿器被认为是最新一代的 FACTS 装置,它突破了只控制一条输电线路的限制,可同时控制两条以上线路的潮流、电压、阻抗和相位,有效控制线路中的环流,抑制由此造成的系统次同步振荡,实现线路之间的功率转换。

美国纽约地区的供电系统存在两个输电线路的瓶颈,该瓶颈线路的交换功率受到很大限制,有潜在故障,且严重制约着当地经济的发展,又因环保的原因,不允许再新建输电线路。为此,经纽约电力公司和美国电力科学研究院合作,采用了 CSC 控制系统,如图 4.5 所示。根据系统运行的要求,控制一次断路器的切换,两个±100Mvar 逆变器通过并联变压器、备用并联变压器和串联变压器,可有以下运行方式:①±200Mvar 的 STATCOM;②±200Mvar 的 SSSC;③±100Mvar 的 STATCOM 和±100Mvar 的 SSSC 组合运行;④2 个±100Mvar 的 UPFC;⑤2 个±100Mvar 的线路功率控制器。

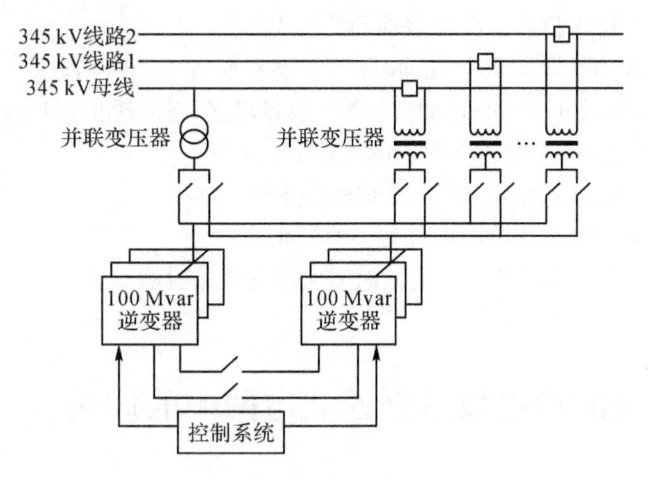

图 4.5 CSC 多线路控制示意

装置安装于纽约 Marcy 变电站的 345kV 系统中,投资约 3500 万美元。安装分两个阶段,2000 年年底在变电站母线上先安装±200Mvar 的并联补偿器,2002 年 7 月在两条线路上再安装 180Mvar 的静止同步串联补偿器。短期目标是先投入 STATCOM 控制器运行,维持变电站母线电压的稳定;长期目标是投入 SSSC 和 STATCOM 同时运行,控制多条线路的功率潮流。CSC 投运后,消除了输电线路中的瓶颈现象,增加了功率交换 240MW。同时,可控制系统环流、阻尼系统振荡和减少功率损耗,使现有的供电系统发挥更大的效率。

2. FACTS 技术在欧洲的应用

英国国家电网公司在其 400kV 配电系统内安装由法国 Alstom 输配电公司研制的基于±75Mvar 的 D-STATCOM 静止无功补偿系统,整个系统的容量为 0～255Mvar,这在很大程度上提升了英国由北向南传输电力的效率。德国已经广泛使用静止无功补偿器 SVC 和串联控制器,在潮流控制和风电并网上取得了巨大成功。西班牙在并联控制器和静止同步串联补偿器(SSSC)的研究上也取得了一定的成果。波兰在电压调节、有功和无功潮流控制及配电网稳定方面应用 FACTS 已经取得了很大的成功。在北欧、中欧等地区,已经广泛使用串联、并联和并串联混合控制设备,在很大程度上提高了配电网的电能质量。[20,21]

3. 我国的应用现状与问题

甘肃碧成 220kV 可控串联补偿器工程于 2004 年成功投入运行,它是我国第一个国产化可控串补工程。仅过去三年时间,就又有被中国电机工程学会冠以“世界上可控串补度最高、串补容量最多、额定提升系数最大、阀额定电压最高、运行环境最繁杂、设计难度最大的国产化超高压可控串补工程”这一称号的伊冯 500kV 可控串补装置成功投入运行。[22] 2015 年,属于国家电网重大科技示范性工程的江苏南京 220kV 西环网“统一潮流控制器(UPFC)”工程正式投运,它是我国第一个拥有自主知识产权的 UPFC 工程,也是我国此项输电技术正式步入世界发展前列的标识。

不可否认,FACTS发展至今,已取得了不小的成就,一些设备已十分成熟。随着智能电网的发展,在智能电网上装设的FACTS设备增多,但若想更好地在智能电网中运用先进的FACTS装置,依然有如下问题亟须解决。

①需降低有害的交互影响,推进设备间的协调配合。

②需从可靠成本效益角度不断优化FACTS。

③在能充分发挥FACTS作用的同时需实现有效的自我保护。

五、柔性交流输电技术在西北电网中的应用

我国能源资源与负荷需求呈逆向分布,需要建设以特高压为骨干网架、各级电网协调发展的坚强智能电网。随着智能电网技术的发展,柔性交流输电技术越来越多地应用到实际工程中,具有成本有效性和控制灵活性的特点,在增加输电容量、提高系统稳定性方面具有显著的优势。[23]

根据国家可再生能源发展规划,西北地区沿河西走廊建设千万千瓦级风电基地,并通过多条750kV输电通道实现风电大规模远距离集中外送。一方面,750kV输电通道充电功率大,常规固定式并联电抗器在协调无功平衡和控制过电压方面存在困难,若采用紧凑型输电技术,此类问题[24]将更加突出。另一方面,由于风电间歇性、随机性、不可控性的特点[25],导致输电通道上电压波动频繁且幅度较大,常规低压无功补偿设备无法满足频繁投切的要求,系统无功电压控制难度大。大规模风电并网的情况下电网的安全、高效、经济运行已经成为制约西北地区风电发展的主要技术难题之一。

静止无功补偿器和可控并联电抗器(Controllable Shunt Reactor, CSR)作为提高系统调控灵活性的FACTS设备,目前在国内已有多个成功应用实例。CSR能够有效解决系统限制过电压和无功补偿之间的矛盾,同时CSR和SVC在提高输电能力、平衡无功分布、抑制电压波动、降低线路损耗等方面发挥着有效作用,因而我国规划在西北大规模新能源外送系统中集中应用,以解决系统无功补偿和电压控制的难题,保障电网的安全稳定运行。

(一)工程概况

西北规划建设的新疆与西北主网联网750kV第二通道输变电工程起点选择为哈密变,落点为柴达木变,全程线路长度约为939千米,规划2013年建成。该工程建成后输送功率大,输电距离长,线路充电功率大,且酒泉、哈密风电基地有大规模风电电源接入,风功率大范围高频率的波动造成联网通道上无功电压控制困难。经第二通道输变电工程可研相关专题研究后,规划在联网第二通道工程装设多套FACTS装置。具体配置方案如下。

沙州—鱼卡两回线路共配置4组线路分级式750kV可控电抗器,每组容量390Mvar,固定容量39Mvar,可调容量351Mvar,3级可调,单级容量117Mvar;沙州站变压器第3绕组侧配置SVC(360Mvar容性,360Mvar感性);鱼卡母线配置330Mvar磁控式母线可控高抗,固定容量为16.5Mvar,连续可调。图4.6为该系统的简化接线。

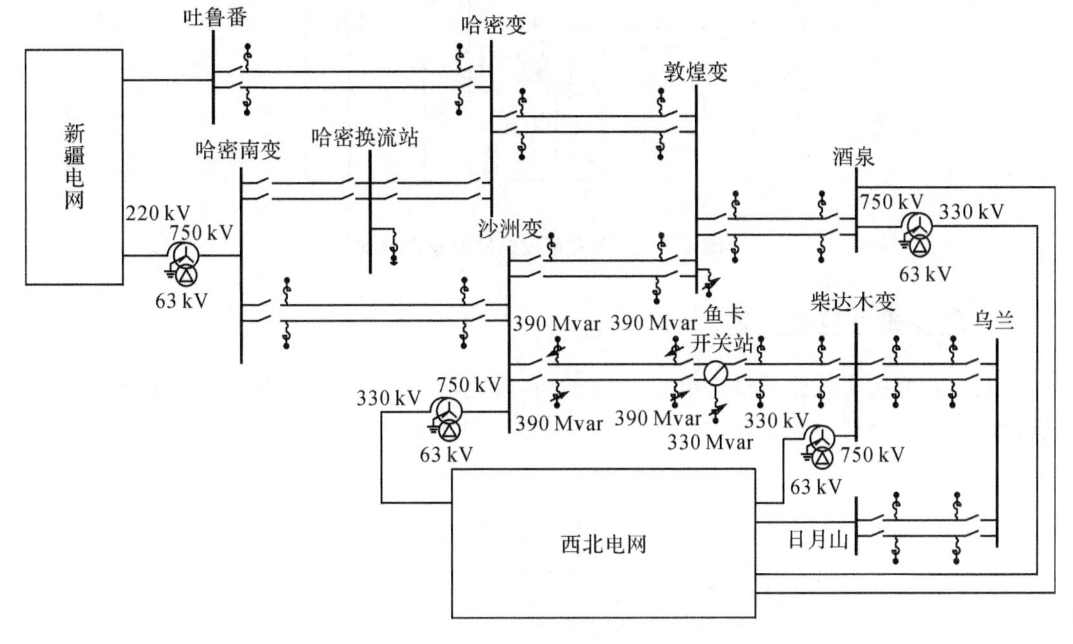

图 4.6　系统简化接线

(二)FACTS设备技术方案

1.分级式可控电抗器

分级式可控电抗器又称阀控式可控电抗器,基于高阻抗变压器原理,它的本体部分将变压器和电抗器设计为一体,使变压器的漏抗率达到或接近100%,再在变压器的低压侧接入晶闸管阀和旁路断路器,实现输出容量的分级调节。沙州—鱼卡750kV线路4套分级式可控电抗器技术方案见图4.7。阀控式可控高抗根据设计要求的不同,可分别工作于不同的容量等级下,满足对系统无功需要的补偿。在图4.7中,TK1、TK2和TK3为自冷阀组,分别对应100%容量、70%容量和40%容量。在发生故障时,由于采用晶闸管阀调节,响应速度非常快,可以快速调至100%容量,达到限制工频过电压、抑制潜供电流的目的。

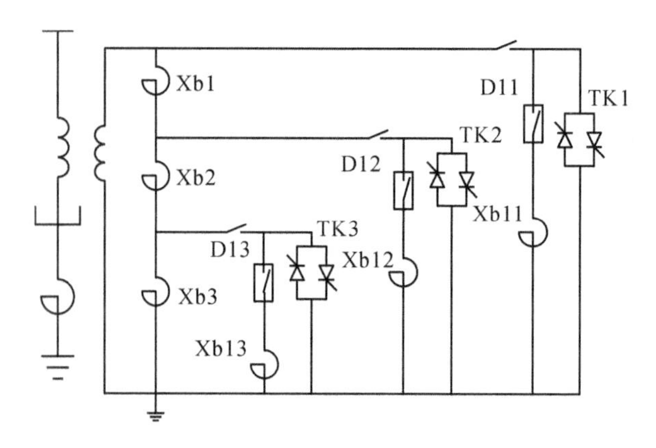

图 4.7 分级式可控电抗器技术方案

2. 磁控式可控电抗器

磁控式可控电抗器通过连续无功输出，实现电压的平滑调节，调节过程对于电网没有冲击。鱼卡母线磁控式可控并联电抗器的技术方案如图 4.8 所示。

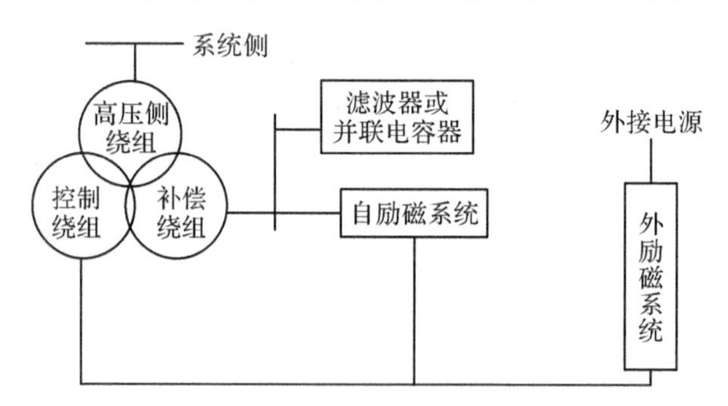

图 4.8 磁控式可控并联电抗器技术方案

磁控式可控并联电抗器采用 3 绕组结构，包括高压侧绕组、控制绕组和补偿绕组。高压侧绕组是磁控式可控并联电抗器与应用的电力系统直接相连的绕组。控制绕组连接励磁系统的直流侧，通过调节注入控制绕组的直流电流大小来改变磁控式可控并联电抗器铁心的磁饱和度，可以平滑地改变电抗器的输出容量。补偿绕组连接有自励磁系统、滤波器、外励磁系统。磁控式可控并联电抗器正常工作时采用自励磁系统供给直流，由站用电供电系统为外励磁系统的控制绕组提供直流电流，用于自励磁系统备用和高抗启动。

3. 静止无功补偿器

沙州 750kV 变电站的第 3 绕组装设两套 SVC(晶闸管控制电抗器 TCR＋滤波电容 FC)，每套 SVC 额定电压下输出容量为－180Mvar(感性)～180Mvar(容性)，每套 TCR 装置输出容量为－360Mvar(感性)～0Mvar(感性)，滤波性装置容量为 180Mvar(容性)，SVC 额定电压下总输出容量－360Mvar(感性)～360Mvar(容性)，可实现容量平滑调节。SVC 结构见图 4.9。

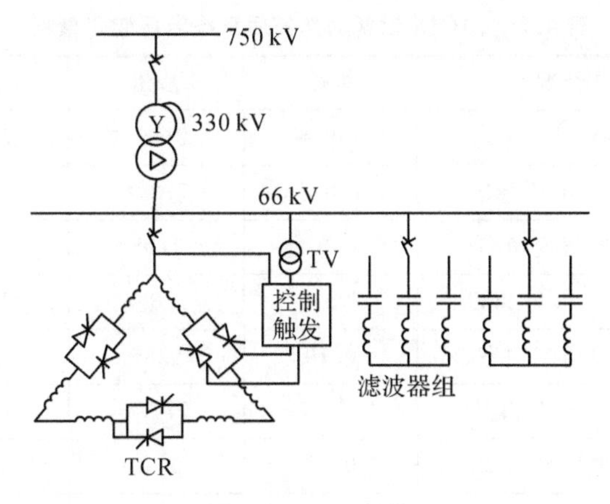

图 4.9 SVC 结构

(三)FACTS 设备对于系统运行特性的影响

1. 研究方式和条件

研究基于新疆与西北主网联网 750kV 第二通道输变电工程投产年(2013 年)的规划数据,以 2013 年夏季大负荷方式(简称夏大方式)和冬季大负荷方式(简称冬大方式)作为研究的正常方式。其中,2013 年夏大方式(9—10 月),联网第二通道建成,哈密—郑州直流及配套电源未建成,吐哈断面送西北主网;2013 年冬大方式(11—12 月),联网第二通道建成,配套电源未建成,哈密—郑州直流投运单极容量 400 万 kW。

西北电网各方式下主要断面潮流见表 4.4。

表 4.4 各方式下西北电网主要断面潮流

断面	断面潮流/MW	
	2013 年夏大方式	2013 年冬大方式
陕甘	366.8	1566.6
甘宁	2106.3	−1515.9
甘青	730.7	2540.7
新甘	1997.8	−2032.2

2. FACTS 设备对系统电压的影响

为抑制风功率波动引起的系统电压波动,FACTS 设备可自动调节。三类 FACTS 设备技术方案的调压效果不同。考虑 2013 年夏大初始方式下沙州—鱼卡 4 组 CSR 投入最大容量 390Mvar,鱼卡母线可控高抗投入 330Mvar,SVC 投入 0Mvar,三类设备技术方案分别投切相同容量引起的各点电压变化如表 4.5 所示。

表 4.5　FACTS 设备动作前后系统电压变化情况

FACTS设备动作情况		敦煌	沙州	鱼卡	柴达木
初始电压/kV		769.8	770.1	765.4	758.4
沙州线路可控高抗动作一级(117Mvar)	电压/kV	776.5	778.4	772.1	764
	电压变动率/%	0.87	1.08	0.88	0.74
鱼卡线路可控高抗动作一级(117Mvar)	电压/kV	775.2	776.7	775.6	766.9
	电压变动率/%	0.70	0.86	1.33	1.12
SVC 动作(117Mvar)	电压/kV	775.7	777.4	771.2	763.3
	电压变动率/%	0.77	0.95	0.76	0.65
鱼卡母线可控高抗动作(117Mvar)	电压/kV	775.2	776.7	775.6	766.9
	电压变动率/%	0.70	0.86	1.33	1.12

从表 4.5 中可以看出，三类 FACTS 设备动作相同容量(117Mvar)引起的本站电压波动基本相同，为 8～10kV；对于相邻站的电压影响略小，为 5～7kV。FACTS 设备具有良好的调压效果，FACTS 设备动作能明显提升系统电压。

3. FACTS 设备对系统暂态稳定的影响

下面主要从对联网通道输电能力和故障后电压恢复水平的提升两个方面分析 FACTS 设备对电网暂态稳定的影响。由于实际中磁控式可控高抗响应时间为几百 ms，响应较慢，而分级式可控高抗的响应时间为几十 ms。因而主要考虑线路分级式可控高抗和 SVC 在暂态过程中发挥的作用。

①对联网通道输电能力的影响

研究考虑受限于 $N-2$ 故障的新疆西北联网断面输电能力。

a. 2013 年夏大方式

时域仿真结果表明，2013 年夏大方式，联网通道输电能力受限于敦煌—酒泉同塔双回线路 $N-2$ 故障。考虑可控电抗器和 SVC 动作，极限方式下新疆西北联网断面潮流水平如表 4.6 和表 4.7 所示。

表 4.6　夏大方式下考虑可控电抗器暂态动作的新疆西北联网通道输电极限

可控电抗器		新疆西北联网断面功率/MW		
初始状态	动作情况	敦煌—酒泉	沙州—鱼卡	合计
沙州 2×390 鱼卡 2×390	不动作	1424	847	2271
	退鱼卡 2×117	1504	896	2400
	退鱼卡 4×117	1582	947	2529

表 4.7　夏大方式下考虑 SVC 暂态动作的新疆西北联网通道输电极限

SVC		新疆西北联网断面功率/MW		
		敦煌—酒泉	沙州—鱼卡	合计
不动作		1424	847	2271
动作	初值为 0Mvar	1467	874	2341

根据表 4.6,故障后每退出 2 级可控高抗,能够提高联网通道输电能力约 130MW。根据表 4.7,当 SVC 稳态初值为 0Mvar 时,暂态动作能够提高联网通道输电能力约 70MW。

b. 2013 年冬大方式

时域仿真结果表明,2013 年冬大方式,联网通道输电能力受限于酒泉—河西同塔双回线路 $N-2$ 故障。考虑可控电抗器和 SVC 动作,极限方式下新疆西北联网断面潮流水平如表 4.8 和表 4.9 所示。

表 4.8　冬大方式下考虑可控电抗器暂态动作的新疆西北联网通道输电极限

可控电抗器		新疆西北联网断面功率/MW		
初始状态	动作情况	敦煌—酒泉	沙州—鱼卡	合计
沙州 2×390 鱼卡 2×390	不动作	1480	880	2360
	退鱼卡 2×117	1750	940	2510
	退鱼卡 4×117	1680	1020	2700

表 4.9　冬大方式下考虑 SVC 暂态动作的新疆西北联网通道输电极限

SVC		新疆西北联网断面功率/MW		
		敦煌—酒泉	沙州—鱼卡	合计
不动作		1480	880	2360
动作	初值为 0Mvar	1570	940	2510

根据表 4.8 和表 4.9,故障后每退出 2 级可控高抗或者考虑 SVC 初值为 0Mvar 的暂态动作,能够提高联网通道输电能力约 150MW。

②对故障后电压恢复水平的影响

研究考虑联网第一通道敦煌—酒泉线路 $N-2$ 严重故障,大规模潮流至联网第二通道,导致沿线各站电压降低。其中,柴达木站是沿线各站中电压最薄弱点,同时柴达木站为青藏直流换流站,其运行电压需满足青藏直流运行要求。因而,本节主要研究可控电抗器和 SVC 暂态动作对于故障后柴达木母线电压恢复水平的提升作用。

a. 2013 年夏大方式

考虑敦煌—酒泉 $N-2$ 故障,可控电抗器和 SVC 暂态动作前后柴达木母线电压变化如表 4.10 所示。

表 4.10　夏大方式下考虑 FACTS 设备暂态动作的新疆西北联网通道母线电压恢复情况

FACTS 设备	FACTS 设备动作情况		故障后母线电压/p. u.	
	初始状态	动作情况	柴达木 750kV 侧	柴达木 330kV 侧
可控电抗器		不动作	0.91	0.91
	沙州 2×117	退鱼卡 2×117	0.93	0.93
	鱼卡 2×390	退沙州 2×117	0.94	0.94
		退鱼卡 2×117		
SVC	初值为 0Mvar	动作	0.92	0.92

从表 4.10 中可以看出，故障后联退 2 级可控高抗，柴达木母线电压恢复水平能提高 0.01～0.02p.u.；考虑 SVC 在暂态过程中的作用，在 SVC 稳态初值为 0Mvar 的条件下，可提高故障后柴达木母线恢复水平 0.01p.u.。这是由于无功补偿设备对于电压支撑作用具有局部性，电气距离方面，沙州 SVC 相比鱼卡线路可控高抗距离 750kV 柴达木站更远，因而电压提升效果略差。

b. 2013 年冬大方式

考虑敦煌—酒泉 $N-2$ 故障，可控电抗器和 SVC 暂态动作前后柴达木母线电压变化如表 4.11 所示。

表 4.11　冬大方式下考虑 FACTS 设备暂态动作的新疆西北联网通道母线电压恢复情况

FACTS 设备	FACTS 设备动作情况		故障后母线电压/p. u.	
	初始状态	动作情况	柴达木 750 kV 侧	柴达木 330 kV 侧
可控电抗器		不动作	0.91	0.91
	沙州 2×117	退鱼卡 2×117	0.93	0.96
	鱼卡 2×390	退沙州 2×117	0.95	0.98
		退鱼卡 2×117		
SVC	初值为 0Mvar	动作	0.925	0.955

从表 4.11 中可以看出，故障后联退 2 级可控高抗，柴达木母线电压恢复水平能提高 0.02p.u.。考虑 SVC 在暂态过程中的作用，在 SVC 稳态初值为 0Mvar 的条件下，可以提高故障后柴达木母线电压恢复水平约 0.015p.u.。

③FACTS 设备对系统电磁暂态的影响

线路上安装可控电抗器，有助于解决线路限制过电压和无功补偿之间的矛盾。采用可控电抗器时，需要对系统电磁暂态问题进行详细研究，制定可控电抗器的动作策略，以确保满足工频过电压、潜供电流和恢复电压，以及非全相过电压等电磁暂态问题的限制要求。

计算结果表明，沙州—鱼卡线路发生故障、任一侧/任一相跳闸或者任一侧/任一相拒合时，故障线路两侧的三相分级式可控电抗器需快速联动调节至 100%容量，采取该措施后，可以将潜供电流、过电压等电磁暂态问题限制到工程设计或标准允许范围内。

另外,沙州SVC和鱼卡磁控式母线可控高抗调节也可对沙州—鱼卡—柴达木线路甩负荷工频过电压起到一定的限制作用。对于联网第二通道工程应用而言,由于依靠沙州—鱼卡线路分级式可控电抗器动作即可将工频过电压限制到工程设计或标准允许范围内,因此,SVC和磁控母线可控高抗在电磁暂态过程中不强制要求动作。

(四)结论

新疆与西北主网联网750kV第二通道装设5套可控电抗器和2组SVC提高了新能源大规模接入系统的灵活性,在系统中发挥着良好的调压效果,同时有效提升了系统的暂态稳定性,并将系统电磁暂态问题限制在允许范围内。

(1)故障后联退2级可控高抗,能够提高联网通道输电能力130~150MW,提升系统薄弱点故障后电压恢复水平0.01~0.02p.u.;SVC稳态初值为0Mvar的条件下,能够提高联网通道输电能力70~150MW,提升系统薄弱点故障后电压恢复水平0.01~0.015p.u.。

(2)沙州—鱼卡线路发生故障后,故障线路两侧的三相分级式可控电抗器快速联动调节至100%容量,能够有效地抑制系统过电压和潜供电流。

六、柔性交流输电技术在江苏电网中的应用

(一)引言

随着社会经济的发展和城市化程度的不断提高,土地、环保等外部条件对电力建设的制约也越来越大。对于江苏省这样经济较发达的省份来说,依靠建设新输电通道来增加输电能力,以满足负荷增长需求的传统途径在某些场合下(例如过江通道、大城市中心区域等)不仅投资巨大,而且变得越来越困难,甚至变为不可能。此外,特高压交、直流落点江苏省后,江苏乃至华东电网将出现直流多馈入、交直流混联的格局。直流多馈入及交直流混联给系统的安全稳定运行带来了新的问题。当直流系统发生双极闭锁或交流系统发生严重故障时,可能造成系统电压严重跌落,诱发多回直流线路换相失败,从而对系统的电压稳定乃至频率稳定造成影响。[20]此外,随着特高压电网的建设,江苏电网将出现1000kV/500kV、500kV/220kV的多电压层级电磁环网。多电压层级电磁环网的存在,使得电网潮流难以控制,一方面导致输电通道潮流不均,输电线路输电能力得不到发挥;另一方面,上级电网严重故障时大量潮流可能向下级电网转移,导致事故范围扩大。[24]

FACTS技术作为电网新技术,由于其先进的控制原理、可充分利用和提高现有电网的资源利用率、改善电网的静动态运行特性、很好地适应电力市场运营及新能源接入等方面的优点引起了业内的广泛关注和重视。在江苏电网的规划发展中研究采用FACTS

作为常规电网技术的必要补充对规模大、区外来电比重高、输电走廊新建代价大且困难、电网运行特性复杂的江苏电网来说尤其必要。需要指出的是,FACTS 技术的应用需要结合电网的规划发展,并和常规的电网规划建设方案相结合,保证电网新技术的应用有良好的技术经济性和可持续的社会效益。

(二)江苏电网规划发展中存在的问题

根据江苏电网的实际以及发展规划,江苏电网目前及发展过程中存在下述问题:由于苏北地区电源、负荷分布的不均衡,江苏电网“北电南送”部分输电通道成为瓶颈,截至2020年,核准增加了第五条500kV 过江通道;特高压交、直流落点江苏电网后,在交直流系统发生直流双极闭锁、多重故障等严重故障时会引起交流系统中枢点电压的严重降低,可能诱发多条直流换相失败甚至发生闭锁,使得电网出现电压稳定、频率稳定等系统问题;特高压交、直流落点江苏电网后,多电压层级电磁环网的存在使得电网潮流难以控制,往往出现输电通道潮流不均,现有输电线路的输电能力得不到充分发挥的现象。下面将针对上述三类典型问题,对在江苏电网应用 FACTS 技术的可行性进行初步研究。

(三)应用 FACTS 技术提高江苏 500kV 主网架输电能力

1. 江苏 500kV 主网架潮流分布情况

根据规划,江苏 500kV 主网架“北电南送”潮流将逐年增加。2017 年,在风电达到80%出力时,江苏过江断面最大潮流可达约 9000MW,其中过江中通道(江都—晋陵双线)潮流较重(3568MW),不满足 $N-1$ 校核。

经分析发现,2017 年过江断面上输送能力较小的江都—晋陵双线(导线 4×LGJ-400)潮流最重,而输送能力较大的泰兴—斗山双线、三汉湾—龙潭双线(导线均为 4×LGJ-630)潮流较轻。潮流分布的不均衡使得该断面在部分输电线路的输送能力仍存在较大裕度的情况下出现了输电能力不足的问题。因此,考虑在过江中通道上装设串联型 FACTS 装置来均衡过江断面上各输电通道的潮流分布,以提高该断面的整体输电能力,避免新增输电通道。根据近、远期电网规划,过江中通道一直是整个过江断面的瓶颈,其需要的潮流调整需求较为固定(即减少潮流),因此考虑在过江通道上装设晶闸管控制的串联电抗器(Thyristor Controlled Series Reactor,TCSR)。

2. 应用 TCSR 提高江苏 500kV 过江断面输电能力

在江都—晋陵双线上装设 14Ω 及 28Ω 的 TCSR 后,正常及 $N-1$ 方式下过江断面各通道的潮流分布见表 4.12。

表 4.12 过江通道潮流分布 单位:MV

通道	不装设 TCSR		装设 14ΩTCSR		装设 28ΩTCSR		线路热稳限额
	正常	$N-1$	正常	$N-1$	正常	$N-1$	
江都—晋陵双线(中通道)	3568	3007	3144	2442	2806	2052	2400
泰兴—斗山双线(东通道)	2162	1741	2238	1802	2298	1854	3300
三汉湾—龙潭双线(西Ⅱ通道)	1248	890	1410	1007	1538	1101	3300
秋藤—秦淮双线(西Ⅰ通道)	1582	1410	1632	1455	1672	1490	2400

根据表 4.12 中潮流计算的结果,可得出以下结论:在 TCSR 的阻抗值取 14Ω 时,$N-1$ 故障方式下中通道线路潮流略超其热稳极限,可结合运行方式调整(例如风电出力较多时中通道附近机组出力),解决其线路 $N-1$ 问题;在 TCSR 的阻抗值取 28Ω 时,$N-1$ 故障方式下中通道潮流低于其热稳极限,且尚有一定裕度;无论 TCSR 的阻抗值取 14Ω 还是 28Ω,过江断面其余通道潮流尽管有所增大,但在 $N-1$ 故障方式下,通道潮流距热稳极限仍有较大裕度。可见,通过在过江中通道上装设 TCSR,能够将中通道的潮流转移到裕度较大的其他过江通道上,从而显著提高过江断面的输送能力,避免建设过江输电通道。

考虑到规划远景年份苏北区外来电及区内装机还将有较大规模的增长,江苏过江断面的输送功率可能进一步增长,为保证方案的远景适应性,中通道上装设的 TCSR 阻抗值应取 28Ω。此外,为减少线路的无功损耗和电压跌落,建议优化 TCSR 的控制策略,根据线路潮流的情况动态调整 TCSR 的输出阻抗,从而在线路潮流不越限的前提下尽可能减少 TCSR 的输出阻抗。

(四)应用 FACTS 技术解决江苏电网的电压稳定问题

特高压交、直流落点江苏电网后,在发生特高压直流双极闭锁或交流系统严重故障时电网可能出现电压稳定问题。当多回直流馈入后,这个问题将更加严重,有可能引发多个直流连锁闭锁,从而导致大面积停电事故的发生。

为解决该问题,这里考虑在特高压直流站附近的 500kV 变电站装设并联型的 FACTS 装置(如 SVC、STATCOM 等),以提高直流落点区域的无功电压支撑水平,从而有效降低直流双极闭锁时系统电压跌落的幅度。

以 2015 年为例,仿真计算的结果表明:在锦苏直流发生双极闭锁故障后,吴江、木渎、车坊等近区的 500kV 变电站母线电压跌落幅度较大,其中跌幅最大的吴江站 500kV 母线电压由 506.1kV 跌落至 483.1kV,下降幅度约为 23kV,如果进一步考虑感应电动机特性及固定电容器的无功输出特性,系统电压下降幅度将更大,可能危及电压稳定。

为了解决上述问题,考虑在锦苏直流邻近的吴江、木渎、车坊站安装一定容量的动态无功补偿装置(SVC或STATCOM)。表4.13显示了在上述500kV变电站安装动态无功补偿装置的效果。

表4.13 500kV变电站安装动态无功补偿装置的效果 单位:kV

变电站名称	未安装动态补偿	车坊站安装 3×180 Mvar	吴江站安装 3×180 Mvar	木渎站安装 2×180 Mvar	上述站共安装 8×180 Mvar
木渎	485.0	490.5	492.1	488.3	500.0
吴江	483.0	489.8	494.0	486.4	501.8
车坊	486.4	493.4	493.1	488.9	501.5
玉山	488.1	494.3	493.8	490.1	501.3
石牌	492.9	497.8	497.4	494.3	503.4

从表4.13中可以看出,在特高压直流落点附近的变电站安装一定容量的动态无功补偿设备,可以有效地缓解特高压直流闭锁后的电压跌落问题,提高电网运行的稳定性。初步分析结果表明:在车坊站安装3×180Mvar的动态无功补偿、吴江站安装3×180Mvar的动态无功补偿、木渎站安装2×180Mvar的动态无功补偿,可以使得锦苏直流双极闭锁后,邻近的500kV变电站母线电压恢复至500kV以上。此外,在特高压直流落点近区变电站安装一定容量的动态无功补偿后,有利于交流电网故障后系统电压的恢复,可以有效降低交流系统故障诱发多回直流同时发生闭锁的可能性,提高电网应对严重故障的能力。

(五)应用FACTS技术解决电磁环网潮流控制问题

下面以南京主城西环网为例,研究应用FACTS技术解决电磁环网潮流控制问题,提高电网输电能力的可行性。

1.南京主城西环网应用FACTS技术提高输电能力的必要性

由于电源和负荷分布的原因,自2014年起南京西环网晓庄南送断面(由晓庄—下关、晓庄—中央线路组成)的输送功率长期超过稳定限额(约500MW),不满足$N-1$校核,需要依赖安全自动装置在$N-1$后切除华能南京机组来避免剩下的1回线路过载,但随着西环网负荷的进一步增长,2016年正常方式下晓庄—下关线路潮流达528MW,已超过线路的载流量(500MW)。为解决上述问题,江苏省电力公司提出了将华能南京电厂—晓庄双线南侧线路开断环入码头变的线路建设工程,但该工程需新建2×10千米的电缆线路,不仅投资巨大(约10亿元),而且工程实施难度极大(需建设约10千米的电缆隧道穿越城区)。

考虑到此时500kV东善桥变电站向西环网送电的线路通道潮流尚有较大裕度,下面对在南京西环网装设FACTS装置调整西环网潮流,解决晓庄南送通道不满足$N-1$校核的可行性进行分析。考虑规划远景年份,南京西环网的潮流分布可能随着500kV变电容量建设、220kV电源退役等发生较大变化,相应的,对潮流的控制要求也可能发生变化,为保证方案的远景适应性,本节考虑在南京西环网装设具有潮流双向调节能力的统一潮流控制器(UPFC)。

2. UPFC提高南京西环网输电能力的可行性

(1)UPFC安装地点及相应系统方案

考虑到工程实施的可行性,UPFC的安装地点建议装设在已规划建设的铁北开关站,系统初步方案如下:将经港—晓庄双线开断环入铁北开关站,形成经港—铁北双线、铁北—晓庄双线;将UPFC装设在开环形成的铁北—晓庄双线上(导线2×LGJ-630,输送能力为700MW);为避免影响UPFC的控制效果,将原有输送能力较小的铁北—晓庄双线(导线LGJ-400,输送能力为250 MW)开断运行。

(2)UPFC控制效果分析

结合西环网潮流分布情况及相关线路的输送能力限额,对UPFC的潮流控制能力提出如下需求。

①保证晓庄—下关、晓庄—中央线路正常方式下潮流不超过450MW,$N-1$故障方式下潮流不超过500MW。

②保证尧化门—铁北线路在尧化门—经港线路$N-1$故障方式下潮流不超过400MW。

为节省投资,考虑接入铁北—晓庄双线的UPFC采用公用并联侧的结构,其中串联侧的2个换流变容量取70MVA(额定电流为1.5kA、额定电压为27kV),并联侧换流变容量取70MVA。

在该配置容量下,正常运行时通过UPFC控制铁北—晓庄断面的功率,可以使得晓庄—下关功率在450MW以下(此时UPFC输出电压约为9kV)。该方式下晓庄南送断面的潮流约为800MW,此时南京西环网除晓庄—下关、晓庄—中央线路外,其余线路潮流均满足$N-1$校核。

该方式下,若晓庄—下关或晓庄—中央线路发生$N-1$故障,为避免剩下的另一回线过载,需将UPFC的输出电压增大至约26kV(仍低于27kV的额定电压)。可见,推荐的UPFC装设容量能够满足2016年南京西环网的潮流控制需求,并可将晓庄南送断面正常方式下的输电能力提高到800MW。

根据近远期电网规划,2017年、2018年500kV秦淮变电站、秋藤变电站投运后,晓庄南送断面输送功率将有明显下降;2018—2020年,尽管随着负荷增长,晓庄南送断面输送功率将逐年增长,但不会增长到2016年的水平。因此,推荐的UPFC装设容量也能够满足2020年前南京西环网的潮流控制需求。

(3)UPFC经济性分析

UPFC工程包括换流阀、变压器、控制保护和水冷等主要设备,初步估算的费用约为2.2亿元。通过UPFC工程的实施,可省去华能南京—晓庄南侧线路开断环入码头变的电缆线路的建设(投资约10亿元)。因此,通过装设UPFC来提高南京西环网的输电能力可节省投资约7.8亿元。

(六)结论

(1)通过在合适的线路通道上装设TCSR、UPFC等FACTS装置,能够有效控制电网潮流,提高现有电网的输电能力,从而避免了投资巨大、实施难度极大的过江通道及城市电缆输电通道的建设。

(2)在特高压直流落点邻近的500kV变电站装设SVC、STATCOM等FACTS装置,能够在故障后提供动态无功支撑,显著降低特高压直流双极闭锁后的电压跌落,从而避免了电压稳定问题的出现,也避免了由于电压跌落诱发其他直流出现换相失败。

(3)在江苏电网应用FACTS技术不仅可行,而且可以提高电网的效率及安全性,能够取得良好的经济效益和社会效益。

七、结语

(1)柔性交流输电技术建立在电力电子或其他静止型控制器基础之上,集合电力电子和现代控制技术的前沿成果,可有效调控线路的潮流,提升电能输送能力,减少系统损耗,稳固系统运行的稳定性。现代电力系统遇到的很多问题都需要柔性交流输电设备来解决。

(2)目前主流的柔性交流输电设备有静止同步补偿器(STATCOM)、可控串联补偿器(TCSC)、静止同步串联补偿器(SSSC)、可转换静止补偿器(CSC)、统一潮流控制器(UPFC)、相间功率控制器(IPC)、线间潮流控制器(IPFC)、电压源换流器(VSC)、静止无功发生器(SVG)、静止无功补偿器(SVC)、晶闸管控制电压调节器(TCVR)、晶闸管控制移相器(TCPS)、超导储能系统(Superconductor Magnetics Energy Storage,SMES),等等。

(3)FACTS需要解决的技术难题包括控制器设计、保护装置设计、主电路方案设计等。鉴于FACTS的广泛发展前景及它对未来输电技术发展、电力建设和运行可能产生的重大影响,除我国外,美国、日本、巴西、德国、瑞典、意大利、英国等欧洲一些发达国家也已投入大量的资金和人力对此进行研究和开发,包括对现行电网的评估、硬件设备的开发及FACTS装置在各电力公司的协调配置等,并已取得了许多可喜成果。柔性交流输电技术对提高输电系统的可靠性、可控性和运行效率是极为重要的,也是输电技术的发展方向,对今后各国联合电网的形成、建设和运行,具有特别重要的意义。

参考文献

[1] 贾函,韩智刚,亢志鹏.浅析智能电网中柔性交流输电技术的应用[J].建筑工程技术与设计,

2015(34):139.

[2] 陈岑.智能电网建设与柔性交流输电技术的应用[J].机电信息,2017(15):89-90.

[3] 杨安民.柔性交流输电(FACTS)技术综述[J].华东电力,2006(2):74-76.

[4] Hingorani N G. High power electronics and flexible AC transmission system[J]. IEEE Power Engineering Review,1998,8(7): 3-4.

[5] Edris A,Adapa R,Baker M,et al. Proposed terms and definitions for flexible AC transmission system (FACTS) [J]. IEEE Transactions on Power Delivery,1997,12(4):1848-1853.

[6] 陈辉祥.柔性交流输电技术的发展及其应用[J].广东电力,2002(6):11-14.

[7] 李家坤.柔性交流输电技术在电力系统中的应用[J].电力学报,2007(3):328-330.

[8] 何丙茂.浅谈柔性交流输电(FACTS)的发展及应用[J].浙江电力,1996(5):2-5,23.

[9] 武历忠,司大军,黄家栋.柔性交流输电电力系统潮流计算研究[J].云南电力技术,2019(1):85-88.

[10] 袁玮.分布式潮流控制器的控制特性研究[D].武汉:武汉理工大学,2013:54.

[11] 唐爱红,闫召进,袁玮,等.一种分布式潮流控制方法研究[J].电力系统保护与控制,2011(16):89-94.

[12] 白宝军.柔性交流输电在现代智能配电网上的应用[J].机械设计与制造工程,2019(2):115-118.

[13] 王光政,平增,张娟,等.配电网静止无功补偿器直流侧电压控制策略[J].电测与仪表,2013(8):53-57.

[14] 谢龙裕,罗安,徐千鸣,等.基于 MMC 的 STATCOM 控制方法[J].电网技术,2014(5):1136-1142.

[15] Rahmani R,Othman M F,Shojaei A A,et al. Static VAR compensator using recurrent neural network[J]. Electrical Engineering,2014,96(2): 109-119.

[16] Schauder C D, Gyugyi L, Lund M R,et al. Operation of the unified power flow controller (UPFC) under practical constraints[J]. IEEE Transactions on Power Delivery,1998,13(2): 630-639.

[17] Wang X, Wei H, Ou Z J, et al. A STATCOM compensation scheme for suppressing commutation failure in HVDC system [J]. Power System Protection & Control,2018,8(3):139-143.

[18] Tsolaridis G,Kontos E,Chaudhary S,et al. Internal balance during low-voltage-ride-through of the modular multilevel converter STATCOM[J]. Energies,2017,10(7):935-941.

[19] Castilla M,Miret J,Camacho A,et al. Voltage support control strategies for static synchronous compensators under unbalanced voltage sags[J]. IEEE Transactions on Industrial Electronic,2013,61(2):808-820.

[20] Lora E. Beyond facts: Understanding quality of life[J]. Idb Publications,2017,21(1):74-78.

[21] 陈军伟.可控串补对输电线路继电保护影响的分析与研究[D].北京:华北电力大学,2011:6.

[22] 左玉玺,王雅婷,邢琳,等.西北 750kV 电网大容量新型 FACTS 设备应用研究[J].电网技术,2013(8):2349-2354.

[23] 潘雄,丁新良,黄明良,等.可控高压电抗器应用于西北 750kV 电网的仿真分析[J].电力系统自动化,2007(22):104-107.

[24] 衣立东,朱敏奕,魏磊,等.风电并网后西北电网调峰能力的计算方法[J].电网技术,2010(2):129-132.

[25] 王旭,祁万春,黄俊辉,等.柔性交流输电技术在江苏电网中的应用[J].电力建设,2014(11):92-96.

专题五：高弹性电网

能源互联网的深入发展和智能电能表的广泛应用使需求侧资源具备了快速响应能力。同时，电网公司开始通过定向邀约或组织竞价等方式与电力用户或负荷使用侧企业达成需求响应(Demand Response，DR)共识，在一定时间段内切除他们的负荷，以降低需求侧尖峰负荷，从而使需求侧提供与电源侧对等的调节资源，提高电网的利用效率。上述举措对缓解电力供需紧平衡、促进可再生能源消纳具有重要意义。[1]

在用户需求响应方面，国外电力市场有较为完善的经验。自20世纪60年代起，以分时电价为代表的价格型用户需求响应已经在美国得到普及，有效缓解了电网调峰压力。此后，美国电力市场还陆续推出了基于容量市场、电量市场和辅助服务市场的用户需求响应项目。在北欧，挪威和芬兰电网分别通过市场竞价和双边协议等方式，使可中断负荷(Interruptible Load，IL)参与调频备用容量市场。在理论实践中，以电力积分、电力套餐以及优惠券等为载体的用户需求响应策略也在国内外得到了较为广泛的运用。

相比于国外成熟的用户需求响应策略，我国电力市场体系建设尚不完善，需求响应会受到市场改革配套机制、电力物联网技术赋能等因素的影响，其发展将表现出能源互联网背景下的时代和地域特色。本专题对多元融合高弹性电网的发展背景、建设目标进行了介绍，同时结合浙江目前多元融合高弹性电网建设的发展情况，总结了浙江电力需求响应在实践中取得的经验成果，分析了能源互联网背景下深化需求响应业务所需解决的关键问题，进而提出需求响应下一步的工作和研究方向。

一、高弹性电网的发展背景

电力作为便捷、清洁和应用最为广泛的二次能源，在推动能源革命、构建清洁低碳的现代能源体系中，承担着转型中心环节的重任。国网公司顺应时代潮流，提出了建设具有中国特色国际领先的能源互联网企业的战略目标，全力推动能源安全新战略和能源互联网建设在电网企业中的实践。然而，传统电网在向能源互联网演进过程中，存在源荷缺乏互动、安全依赖冗余、平衡能力缩水、提效手段匮乏等问题，因此需要着重发展传统电网在承载、互动、自愈、效能方面的能力，使其具备高承载、高互动、高自愈、高效能等特点。电网需要对大规模电力供应、大规模清洁能源具备足够的承载能力，具备源网荷储多元高互动能力，具备进一步强抗扰和自愈能力，具备高效运行能力，从而提高电网效率。[2]

以浙江为例,浙江省一次能源匮乏,是能源净输入的省份,外来电占比高达35.7%。随着经济的快速发展和人民生活水平的不断提高,浙江省用电负荷和供电压力持续增大,特高压交直流混联运行,新能源大规模并网,新型用能设施大量接入,电网形态越来越复杂,伴随而来的是源荷缺乏互动、安全依赖冗余、平衡能力缩水、提效手段匮乏等多项发展矛盾。

2020年夏季,浙江全社会最高用电负荷达9628万千瓦,已超过英国、法国、德国等发达国家规模,即将进入亿千瓦时代。目前,浙江省内拥有13类电源,2019年年底清洁能源装机达1690万千瓦,是2015年的5倍。但是目前浙江电力的市场配置与需求侧联动手段匮乏,使海量资源仍处于沉睡状态,浙江电网仍属于“源随荷动”的半刚性电网;另外,由于风电、光伏等清洁能源和外来电能不参与省份内调峰,因此系统调节能力将持续下降。

另一方面,由于规划、设计、运行、用电等多个环节的安全裕度重叠,产生了较高的冗余量,形成了以冗余(安全裕度)保障电网安全的状况,缺乏释放冗余的有效手段。2019年,浙江最大峰谷差达3436万千瓦,但尖峰负荷在95%以上的累计时间只有27小时,为了一年中的27小时尖峰用电,需要数台百万千瓦的发电机组和相关配套设施给予保障。可见,以建设和扩张满足负荷和安全要求的传统电网发展模式,总是存在安全与效率之间的矛盾,而连续两年的工商业降电价和2020年阶段性降价,较大程度上影响了电网的营收状况,仅仅依靠规模扩张来满足电力需求增长的模式不可持续。

随着中国经济进入高质量发展阶段,这些问题显然不只局限在浙江省。这些年的能源电力发展就是在解决质优和价廉的矛盾中前进。目前,电网企业面临的主要矛盾已从电力供需平稳问题,转变为既要保障能源安全又要推动低碳发展,还要降低用能成本的高质量发展目标。想要同时满足三重目标,必然需要从长远的角度提供整体的解决方案。

从浙江发展大环境看,浙江的经济条件、行政效率、社会治理、市场化程度和信息技术产业发展水平都居国内领先,有率先构建国际领先的区域能源互联网的现实基础。目前,浙江省拥有种类最多的能源电力生产结构,其中包含多种清洁能源。正是由于新能源发展程度高、应用范围广,浙江电网率先建成了以“两交两直”特高压为核心,以“东西互供、南北贯通”的500kV双环网为骨干的主网架。作为创建清洁能源示范省,清洁能源实现了全接入全消纳,电能占终端能源消费比重已达38%,湖州“生态+电力”示范城市建设白皮书亮相联合国气候变化大会,京杭大运河全线公共水上服务区绿色岸电全覆盖。

浙江省的互联网产业发展十分活跃,在深化“数字浙江”和建设“大云物移智链”等现代信息技术与能源电力技术的深度融合方面具有区位优势和先行条件。新冠疫情期间,浙江电力创新推出的数字产品“电力消费指数”有力支持了政府科学决策和企业复工复产。

浙江电网地处华东特高压交直流混联电网的中心地带,有十分重要的枢纽地位。随着宾金、浙福等特高压交直流工程的相继投运,浙江电网跨区输电规模扩大,省外来电大幅提升。2020年1—4月,浙江最大外来电力超过2800万kW,占当日全社会最大负荷的

41.5%。电源装机方面，当前浙江以光伏为主的新能源发电装机达1731万kW，占发电装机总容量的17.7%。与此同时，浙江地区2020年夏季全社会最高负荷为8860万kW，较2019年同比增长4%，供电、用电呈现紧平衡态势。[1]

总体来看，浙江电网作为交直流混联受端电网，具有高比例外来电、高比例新能源以及高比例峰谷差等特点。在大容量直流馈入、新能源快速发展的背景下，浙江电网调节能力持续下降，安全运行红线不断收紧，面临着深刻变化和转型需求。在负荷侧，用户负荷资源处于沉睡状态，交互机制能力尚未建立；而在储能侧，设施配置少，难利用，无政策。这意味着，电网面临源荷缺乏互动、安全依赖冗余、平衡能力缩水、提效手段匮乏这四大问题，电网发展受到源网荷储四方面的集中挤压。[3]为解决上述问题，推进电网从"源随荷动"转变为"源荷互动"，从"冗余保安全"转变为"降冗余促安全"，从"保安全降效率"转变为"安全效率双提升"，是电力互联网向能源互联网转型的关键步骤。

基于这样的背景和形势，针对浙江电网发展的痛点，以"节约的能源是最清洁的能源、节省的投资是最高效的投资、唤醒的资源是最优质的资源"为理念先导[4]，浙江电力为省域层面实现能源高质量发展三重目标给出了系统性的解决方案，即发展、建设能源互联网形态下多元融合高弹性电网，充分发挥电网在连接电力供需、促进多能转换、构建现代能源体系中的枢纽作用，构建能源互联网生态圈。通过转变发展理念、完善市场机制、推动"大云物移智链"技术与先进能源电力技术融合应用等方式[5]，提升源网荷储等电力系统核心环节的互动水平和调节能力，丰富电网调剂手段，在提高电网安全水平的同时提升电网运行效率。

多元融合高弹性电网是能源互联网的核心载体，是海量资源被唤醒、源网荷全交互、安全效率双提升的电网，具有高承载、高互动、高自愈、高效能四大核心能力。[3]以技术支撑、市场推动、政策引导、智能创造、组织创新"五组赋能"，纵向融合源网荷储各环节要素，横向融合能源系统、物理信息、社会经济、自然环境各领域要素，发挥聚合效应，促使传统电网形态向高弹性电网转变，实现海量资源被唤醒、源网荷储全交互、安全效率双提升的电网升级。

二、高弹性电网的建设目标

为了更加有效地建立高弹性电网，国网浙江电力公司提出了下面几条多元融合高弹性电网的建设目标，从降低尖端负荷以提高能源利用率的角度入手，积极开展建设多元融合高弹性电网的发展任务，实现高弹性电网的建设目标，并推动实施"八大任务"创新实践。

(一)唤醒海量资源

为满足经济社会发展不断增长的需求，传统电网的解决方案是通过刚性投资，满足负荷平衡需要，并安排一定的电力冗余度以保障电网安全运行。电网设备未能尽全力，导致一直是通过增加电网建设投资，来满足日益增长的电力需求，同时又花费更多的人力、财力去运维，影响企业效益，并且降低了效率。但如果通过技术更新，降低冗余，提升电网效率，就意味着减少投入，并提升了电网的弹性。

建设多元融合高弹性电网的目的就是丰富电网调剂手段，在提高电网安全水平的同时大幅提升电网运行效率。如果为了实际存在时间较短的尖峰负荷（例如2019年，浙江全社会的尖峰负荷为8517万kW）建设冗余的发电机组，势必会存在电网运行效率降低的问题。如果能降低这部分尖峰负荷，就能节省投资，并提高电网的运行效率。

为了降低尖峰负荷，就需要切除一部分用户负荷。如果可以通过市场调节机制（例如国网浙江电力公司与高耗能用户签订协议），明确商定允许供电企业控制调度用户的一部分负荷。那么在用电高峰，供电公司就可以根据需要切掉这部分负荷，电力调度将更加灵活高效；由于用电侧的尖峰负荷降低，发电企业也不必投入更多的发电机组，长久而言，可以节省建设投资；对于用户而言，则可以通过市场化手段降低企业生产成本。如果再辅之以相应的储能电站，在用电高峰时期参与电量平衡，无论是发电企业、电网企业、用户的效率效益都能得到提升，实现源网荷储柔性互动，提高电网运行效率。

建设多元融合高弹性电网，就是利用电网的能源供应枢纽和能源服务平台的作用，让能够提升能源综合利用水平和效率的元素参与电量平衡，推动能源由精细开发向精细使用转变，进而实现电力发展由满足负荷平衡的刚性投资向提升电网辅助服务水平、满足电量增长的柔性投资转变，提升社会综合能效。

（二）八大任务

高弹性电网的建设将在很大程度上推进浙江电网的转型发展。通过多元融合高弹性电网建设，在不改变电网物理形态的前提下，以改善电网辅助服务能力为电网赋能，改变电网的运行机制，提高电网的安全抗扰能力，从而大幅提升社会综合能效水平。为此，国网浙江电力提出了以下八大任务。[6]

（1）灵活规划网架坚强

建设灵活性资源储备库及应用场景库建设，创新开展电网弹性规划，建设高适应性骨干网架，构建全景式高弹性电网评价体系，建立效能提升红利全环节共享机制，从规划源头提高电网灵活高效调节能力。

（2）电网引导多能互联

发挥电网配置能源资源核心平台的作用，引导优化电源布局，推广全景式即插即用系统化应用，推动多方主体参与储能建设。探索能源互联网新业态，拓展示范应用，促进电网向清洁低碳高效的能源互联网演进，提升全社会能效。

（3）设备挖潜运行高效

利用多元感知和灵活调控等技术，开展设备动态增容、断面限额在线计算、短路电流柔性抑制、潮流柔性控制、网络重构优化、配网降损增效等应用，实时评估设备载流能力，改善电网潮流分布，提升电网动态运行极限。

(4)安全承载耐受抗扰

完善高弹性电网安全理论,强化三道防线,建设电网动态运行极限综合防御系统,确保电网在低冗余、高承载状态下的安全稳定运行。

(5)源网荷储弹性平衡

打造源网荷储友好互动系统平台,提升电网资源汇聚和协调控制能力,推动系统从"源随荷动"向"源荷互动"的转变。

(6)用户资源唤醒集聚

唤醒负荷侧海量沉睡资源,引导用户用电行为,聚合互动潜力、谋划互动收益,拓展可控负荷类型和规模,培育负荷聚集商,以强交互能力支撑电网弹性。

(7)市场改革机制配套

完善市场机制,建立各类电源、可中断负荷、储能参与现货和辅助服务市场的框架体系、准入规则、交易策略、价格机制,推动优化政策环境配套,疏导灵活性资源建设和运营成本。

(8)科创引领数智赋能

通过科技进步为电网发展注入新动能,助推智能信息技术与先进能源电力技术融合发展,通过信息平台支撑多元智慧应用,使电力大数据价值得到发挥。

三、浙江电力的需求响应

从应用场景来看,通过高弹性电网实现的需求响应可参与省份内调峰、调频,省份间备用共享、局部阻塞消除,在促进源网荷储弹性平衡的同时也对网架灵活规划产生影响,是支撑浙江传统电网优化的核心任务。[1]

(一)需求响应支撑电网弹性

为唤醒需求侧可调节负荷资源,国网浙江电力有限公司提出一系列举措促进需求响应业务发展,包括:完善市场机制,建立可调节负荷、储能等需求侧灵活资源参与现货和辅助服务市场的框架体系;培育负荷聚合商,拓展可调节负荷类型和规模,聚合互动潜力;打造源网荷储友好互动系统平台,提升可调节负荷资源汇聚和协调互动能力。

实现高弹性电网源荷互动,能够支撑区域电网由能源精细开发向精细使用转变,由刚性投资向提升电网辅助服务水平、满足电量增长的柔性投资转变,提升社会综合能效。需求响应实践过程中产生的大量有效需求侧电力数据也能够作为电网公司的电力数字资产,丰富数据库,为未来的电力交易与综合能源服务业务发展提供重要支撑。

(二)实践基础

国网浙江电力十分重视需求响应的实施,逐步进行了需求响应机制的探索和实践。

2017 年首次实施试点企业需求响应邀约,2019 年发布邀约式需求响应管理细则,2020 年建立需求响应市场竞价机制,建设省级电力需求响应平台,从工业用户扩展到商业、低压用户、负荷聚合商等多类型主体,初步形成了具有浙江特色的电力需求侧管理模式。

国网浙江电力深入挖掘了高压用户需求响应潜力,同时推广网上国网 App 签约形式,进一步激发储能设施、充电桩、商业楼宇、居民家庭等多种主体的互动能力。全省共签约高压用户 2547 户,削峰能力 715.06 万 kW;低压用户 16 户,削峰能力 47.5kW,保障需求响应市场竞价机制的有效运行。

在此基础上,国网浙江电力发布了需求响应标准建设计划,重点开展需求响应效果测量验证、负荷聚合商响应技术、空调系统终端技术标准研究,逐步形成省级需求响应标准体系;与此同时,需求响应平台功能开发、互动终端接入、信息交换等方面标准化建设逐步落地,为开展分钟级实时需求响应提供了统一的技术基础。

(三)浙江电网需求响应竞价交易机制

浙江省在《关于开展 2020 年度电力需求响应工作的通知》中引入市场化竞价机制,对日前削峰需求响应按照边际出清方式确定需求响应补贴单价和用户中标容量,日前填谷和实时需求响应执行年度固定补贴单价。

具备完善的负荷管理终端及用户侧开关设备、相关数据接入电网公司负荷管理系统的电力用户或负荷集成商可申请参与当年需求响应。以日前削峰需求响应为例,响应过程包含年度签约—响应邀约—竞价反馈—交易出清—响应执行—有效性评估—补贴结算等主要环节,如图 5.1 所示。符合申请条件的用户和负荷聚合商于年度需求响应签约中明确参与需求响应的响应容量。当次日前削峰需求响应启动后,电网公司提前一天向签约用户发出响应邀约,用户需在 2 小时内反馈响应容量和响应价格等竞价信息,供电公司根据用户反馈信息,按照边际出清的方式确定补贴单价和用户中标容量,中标用户在响应日按中标容量进行响应,供电公司对通过基线负荷评估的响应量进行补贴结算。

填谷需求响应与削峰需求响应的实施环节类似,区别在于填谷需求响应时用户中标容量是根据用户申报容量占全省总申报容量的比例确定的,而非通过市场竞价的方式,对通过有效性评估的响应量则按照固定价格补贴。实时需求响应需要事先与用户签订协议,并且将分钟级可响应负荷接入负荷管理系统,包含年度签约—响应执行—补贴结算的流程,所有用户统一执行年度固定补贴单价,根据其实际响应情况发放响应补贴。

需求响应的有效性判断及响应电量计算均以基线负荷为参考,取参考日对应响应时段的平均负荷曲线作为基线。负荷聚合商的基线为其所集成的用户基线叠加。其中,对削峰需求响应,当响应时段内用户的实际最大负荷小于基线最大负荷、平均负荷小于基线平均负荷且响应电量超过自身响应指标的 80%时,认定用户有效响应,响应电量按照 120%响应指标封顶计算补贴;对填谷需求响应,则要求用户的实际最小负荷大于基线最小负荷、平均负荷大于基线平均负荷,其差值处于需求响应负荷指标的 80%~120%之间。

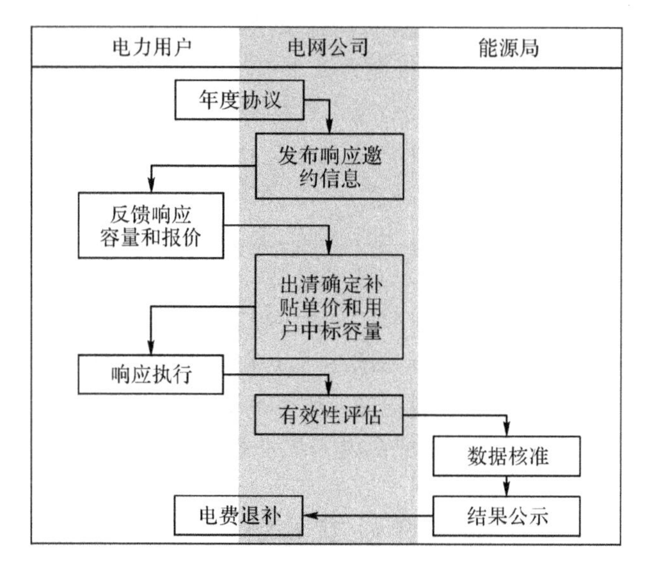

图 5.1 日前削峰需求响应竞价交易流程

(四)需求响应实践

1. 日前削峰需求响应

国网浙江电力有限公司于 2020 年 7 月 27 日至 28 日进行了全省范围的日前削峰需求响应演练。其中,27 日进行日前需求响应的邀约演练,向全省签约的 2563 户高压和低压用户发送邀约信息,63%的用户反馈竞价信息,响应能力共计 139.9 万 kW。根据浙江需求响应竞价规则,按照 20 万 kW 的总削峰指标进行边际出清,且报价不大于边际补贴电价的用户全容量中标,实际出清价格为 2 元/kWh,总出清负荷 30.2 万 kW,如图 5.2 所示。用户于 28 日 14:00—15:00 执行需求响应方案,实际平均响应负荷达 24.33 万 kW,最大响应负荷 26.31 万 kW,满足总指标要求。通过响应效果评估,有效响应用户共计 58 户,占中标用户的 35.8%,有效响应电量 19.2 万 kWh,需求响应补贴共计 38.4 万元。

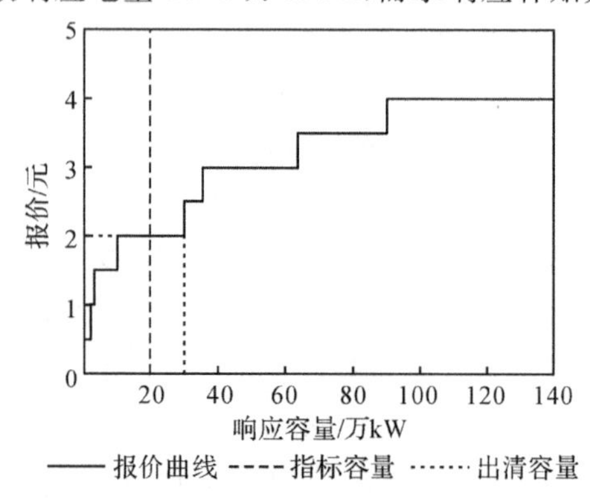

图 5.2 实际出清情况

按价格区间统计用户参与需求响应报量情况(报量能力)和用户签约需求响应能力(签约能力)。报量比定义为用户报量能力与签约能力之比,用户报量情况如图5.3所示。

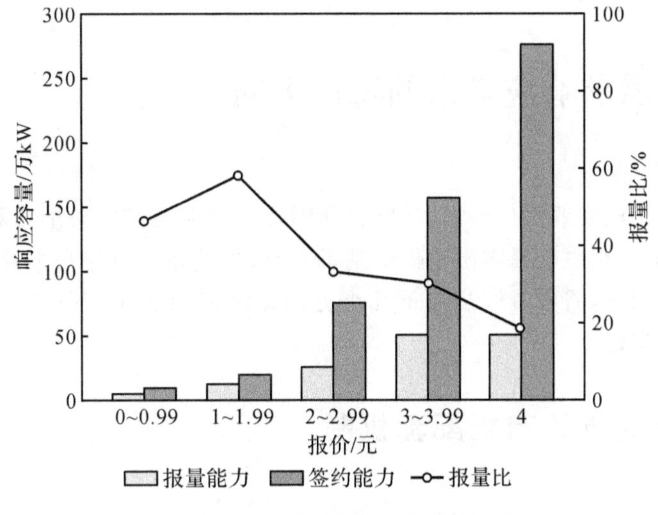

图5.3　用户参与需求响应报量情况

由图5.3可知,用户总报量能力为139.9万kW,总签约能力达530.3万kW,平均报量比约为26.3%。用户需求响应报价越高,报量比越低,用户年度协议中的签约能力虚高越明显。超过40%的用户选择顶格报价(4元/kWh),但报量比仅为20%左右,说明当前设定的补贴上限不能完全激发用户需求响应潜力。

根据需求响应邀约演练中用户的真实报价数据,按每10万kW指标累计进行模拟出清,当指标容量低于80万kW时,指标容量曲线与出清容量曲线相近。特殊情况出现在当需求响应指标容量为20万kW时,此时出清容量达30.18万kW,这是由于报价恰好为出清价(2元/kWh)的用户数量和容量均较大,而报价不大于边际补贴电价的用户全容量中标,使得出清容量高于指标容量。当需求响应指标容量为90万～130万kW时,出清容量均为139.9万kW,出清价格均为4元,说明此时用户多选择顶格报价,在指标容量较大时将产生过高的出清容量,不利于需求响应的实施。

2. 实时削峰需求响应

国网浙江电力有限公司于2020年7月29日进行了分钟级实时削峰需求响应演练,对全省共10个需求响应分钟级可调节签约用户进行调控,响应指标为1.34万kW,在当日14:30—15:00响应时段内,最高压减1.40万kW,总体上达到响应指标。通过评估响应效果,认定有效响应用户共7户,有效响应电量3487.8kWh,实时需求响应补贴共1.39万元。

无效响应的3个用户中,1户平均响应负荷未达到80%响应指标,原因是该用户空调负荷未全部接入需求响应可调系统,受控负荷压减后替代机组开启,用户总负荷削减不足;1户当日存在特殊用电需求,总用电需求明显高于参考日,负荷压减后仍高于基线负荷;1户为陶瓷制造企业,负荷特性为频繁冲击性负荷,指标响应能力刚好取到监视负荷的峰值,导致指标响应能力过大,且响应过程中采集到的负荷最大值超过基线负荷最大值,被判定为无效响应。

四、浙江需求响应未来的发展方向

从浙江需求响应实践可以看出,尽管日前削峰需求响应和实时削峰需求响应演练均取得成功,但响应过程中仍暴露出竞价机制不完善、事前用户响应潜力评估不准确、有效响应比例较低等问题,需要继续从以下几个方面拓展需求响应业务研究,支撑浙江多元融合高弹性电网建设。

(一)建立完善的市场配套机制

在现有的需求响应竞价机制下,继续完善市场配套机制。目前竞价机制中规定报价不大于边际补贴电价的用户全容量中标,可能出现需求响应出清容量高而有效响应用户占比低的问题。对此,可根据需求响应实施经验,引入用户响应信用评分等因素,完善需求响应指标分配机制,同时考虑用户自主响应时存在的不确定性,设置合理的出清裕度,满足需求响应总指标要求,保证高弹性电网的实施。此外,考虑冲击性负荷对用户响应有效性判定的影响,可采用负荷—电量综合判定的方式,完善响应有效性判定规则或改进基线负荷计算方式;对于接入需求响应终端的用电负荷,可采用设备级电能采集仪表,避免其他负荷影响需求响应有效性的判断,保证用户参与需求响应的经济效益。

(二)构建动态需求响应资源池

在前期普查和需求响应实践经验的基础上,深化需求响应数据分析,构建动态需求响应资源池,提高需求响应指标分配的准确性及响应完成率。[7]面向数量众多、响应特性各异、用户行为复杂的多种类需求侧资源,可建立设备级精细仿真模型,评估用户实际响应能力,避免用户上报响应指标过高对指标分配和有效性评估的影响。与此同时,可进一步汇集储能、充电桩等小型分散用户的可调节负荷资源[8],充分挖掘潜在用户的需求响应能力,提高浙江高弹性电网的需求侧互动能力。

(三)打造区块链需求响应交易平台

在完善市场配套机制、挖掘用户响应潜力基础上,国网浙江省电力公司正在加快需求响应数字化转型,打造区块链技术支撑的需求响应平台,与电力需求侧在线监测平台[9]、负荷聚合商管理系统以及用户电能管理系统进行对接,扩展虚拟电厂、中低压用户的参与形式[10],利用区块链共识机制、加密算法以及智能合约等技术手段为市场各主体提供透明、安全、及时、可靠的需求响应交易管理服务,提高电力用户参与需求响应的积极性和认可度,最大限度实现用户与电网公司的友好互动。

五、高性能电网的建设前景展望

浙江电力已经初步完成了多元融合高弹性电网的概念设计和框架体系构建,制定了弹性指数、效能指数、互联指数三大维度指数构成的高弹性电网发展指标体系,形成了“四梁八柱”支撑体系,即围绕源网荷储四个电力系统核心环节,通过灵活规划网架坚强、电网引导多能互联、安全承载耐受抗扰、设备挖潜运行高效、各侧资源唤醒集聚、源网荷储弹性平衡、改革机制配套、科创引领数智赋能等八个方面,推进多元融合高弹性电网的实施落地。[2]

以多元融合高弹性电网建设为构建区域能源互联网的核心载体,浙江电力开启了向能源互联网演进的新征程,并初步描绘了一个省级能源互联网的未来形态愿景:通过清洁供给提供宜居生态,高效用能满足美好生活,合作共赢实现美丽蓝图,全力服务浙江经济社会发展,助推浙江清洁能源示范省的创建。

根据目前的规划,浙江省计划到2023年实现弹性指数的国际领先,能效指数及互联指数的国际先进,从而利用高弹性电网支撑4000万kW外来电受入,确保4700万kW非化石能源全消纳,用户平均停电时间小于3.6小时,移峰填谷能力达到千万千瓦级别,推动浙江电能终端能源消费占比达到40%。源网荷储即插即用、能量路由关键技术实现突破,最大限度地提高电网的效率,降低电网的建设、运维成本。

预计到2030年,率先在浙江建成具有中国特色国际领先的能源互联网,三项指数全面达到国际领先。此时的高弹性电网所支撑的浙江非化石能源发电量占比可达50%,电能占终端用能比例可率先超过45%,单位GDP能耗亦能达到国际领先水平。

六、结语

(1)传统电网在向能源互联网演进中,存在源荷缺乏互动、安全依赖冗余、平衡能力缩水、提效手段匮乏等问题,电网需要对大规模电力供应、大规模清洁能源具备足够的承载能力,具备源网荷储多元高互动能力,具备进一步强抗扰和自愈能力,具备高效运行能力,从而提高电网效率。为解决上述问题,推进电网从“源随荷动”转变为“源荷互动”,从“冗余保安全”转变为“降冗余促安全”,从“保安全降效率”转变为“安全效率双提升”,是电力互联网向能源互联网转型的关键步骤。

(2)多元融合高弹性电网是能源互联网的核心载体,具有高承载、高互动、高自愈、高效能四大核心能力。以技术支撑、市场推动、政策引导、智能创造、组织创新"五组赋能",纵向融合源网荷储各环节要素,横向融合能源系统、物理信息、社会经济、自然环境各领域要素,发挥聚合效应,促使传统电网形态向高弹性电网转变,实现海量资源被唤醒、源网荷储全交互、安全效率双提升的电网升级。

(3)高弹性电网的建设将在很大程度上推进浙江电网转型发展。通过多元融合高弹性电网建设,在不改变电网物理形态的前提下,以改善电网辅助服务能力,为电网赋能,改变电网运行机制,提高电网安全抗扰能力,从而大幅提升社会综合能效水平。

参考文献

[1] 陈吉奂,刘强,李磊,等.国网浙江电力高弹性电网需求响应的探索和实践[J].电力需求侧管理,2020(6):75-79.

[2] 徐俊钐.浙江电力:以高弹性电网建设能源互联网"示范窗口"[J].中国电业,2020(10):58-59.

[3] 王晓.浙江:建设多元融合高弹性电网[J].国家电网,2021(5):64-65.

[4] 周兵凯,杨晓峰,李继成,等.多元融合高弹性电网关键技术综述[J].浙江电力,2020(12):35-43.

[5] 杨晓峰,杨秦敏,吴英俊."多元融合高弹性电网"专栏特约主编寄语[J].浙江电力,2020(12):1-2.

[6] 钱啸,沈伟奇,张笑弟,等.长三角一体化能源互联示范区高弹性电网规划的探索与实践[C].中国电力企业管理创新实践(2020年),2021:485-488.

[7] 刘国辉,赵佳,孙毅.基于模糊优化集对分析理论的需求响应潜力评估[J].电力需求侧管理,2018(6):1-5.

[8] 邹京希,秦汉,刘东,等.考虑频率约束下提升风储联合发电系统可靠性的储能系统控制策略[J].供用电,2020(2):73-78.

[9] 李彬,卢超,曹望璋,等.基于区块链技术的自动需求响应系统应用初探[J].中国电机工程学报,2017(13):3691-3702.

[10] 何奇琳,艾芊.区块链技术在虚拟电厂中的应用前景[J].电器与能效管理技术,2017(3):14-18.

专题六：智能变电站

一、智能变电站的发展背景

目前，随着智能电网建设和研究的推进，通信与信息技术在电力系统中的应用范围将不断扩大。电力输送和分配的智能电网已经成为能源、电力、信息综合服务体系的支撑平台。[1]多元设备和异构网络的不确定性和复杂性给电力系统的稳定性与可靠性带来了双重挑战。对整个多层次、多维度的现代电力系统感知与控制需要更精准和实时的数据交换，电网控制将更加依赖物理系统和信息系统之间的配合，两者之间耦合及相互作用、相互影响将更加紧密。电力系统已经从传统的电力设备网络发展成为融合通信网络、信息网络和电力网络的复杂综合网络体系。电网的信息物理融合系统（Cyber Physical System，CPS）[2-4]为智能电网发展提供了一种新的途径。[5]

智能变电站是智能电网实现安全可靠输电、配电的重要组成部分。为了建立智能变电站通信网络的统一通信规约，增加不同厂商通信设备之间的操作性及兼容性，国际电工委员会（International Electrotechnical Commission，IEC）第57技术委员会（俗称TC57）颁布了IEC 61850标准。信息系统的安全可靠对智能变电站及配电网的安全运行有重要影响[6]，软件定义网络（Software Defined Networking，SDN）的应用为智能变电站之间可靠、及时、安全的通信系统的实现提供了可能。[7]软件定义网络将系统从下到上划分为运行层、控制层与应用层。[8]通过软件定义网络的思想，运行层控制功能将由外部应用层施加。[9]

(一)智能电网介绍

智能电网是将先进的传感测量技术、信息通信技术、分析决策技术、自动控制技术、能源电力技术与电网基础设施高度集成而形成的新型现代化电网。[10]

传统电网是一个刚性系统，电源的接入与退出、电能的传输等都缺少反弹性，使电网动态柔性及重组性较差；垂直的多级控制机制反应迟缓，无法构建实时、可配置和可重组的系统，自愈及自恢复能力完全依赖于物理冗余；对用户的服务简单，信息单向；系统内部存在多个信息孤岛，缺乏信息共享，相互割裂和孤立的各类自动化系统不能构成实时的有机统一整体,整个电网的智能化程度较低。[11]

与传统电网相比,智能电网进一步优化了各级电网控制,构建了结构扁平化、功能模块化、系统组态化的柔性体系架构,通过集中与分散相结合的模式,灵活变换网络结构,智能重组系统架构,优化配置系统效能,提升电网服务质量,实现了与传统电网截然不同的电网运营理念和体系。

智能电网将实现对电网全景信息的获取,以坚强、可靠的物理电网和信息交互平台为基础,整合各种实时生产和运营信息,通过加强对电网业务流的动态分析、诊断和优化,为电网运行和管理人员展示全面、完整和精细的电网运营状态图,同时能够提供相应的辅助决策支持、控制实施方案和应对预案。

智能电网的主要特征包括以下方面。[12]

(1)坚强。在电网发生大扰动和故障时,仍能保持对用户的供电能力,而不发生大面积停电事故;在自然灾害、极端天气条件或外力破坏下仍能保证电网的安全运行;具有确保电力信息安全的能力。

(2)自愈。具有实时、在线和连续的安全评估和分析能力,强大的预警和预防控制能力,以及自动故障诊断、故障隔离和系统自我恢复能力。

(3)兼容。支持可再生能源的有序、合理接入,适应分布式电源和微电网的接入,实现与用户的交互和高效互动,满足用户多样化的电力需求并提供对用户的增值服务。

(4)经济。支持电力市场运营和电力交易的有效开展,实现资源的优化配置,降低电网损耗,提高能源利用效率。

(5)集成。实现电网信息的高度集成和共享,采用统一的平台和模型实现标准化、规范化和精益化管理。

(6)优化。优化资产的利用,降低投资成本和运行维护成本。

(二)智能变电站介绍

智能变电站是智能电网的基础,是连接发电和用电的枢纽,是整个电网安全、可靠运行的重要环节。随着应用网络技术、开放协议、一次设备在线监测、变电站全景电力数据平台、电力信息接口标准等方面的发展,驱动了变电站一、二次设备技术的融合以及变电站运行方式的变革,由此逐渐形成了完备的智能变电站技术体系。与传统的变电站相比,智能变电站具有技术更加先进、安全可靠、占地少、成本低、少维护、环境友好等一系列优势。因此,智能变电站的研究、建设既是下一代变电站的发展方向,又是建设智能电网的物理基础和要求。[13]

进入 21 世纪后,超高压以及特高压交直流输电技术在网间功率传输的应用越来越广泛,风能、太阳能等绿色能源的应用不断扩展,静态无功补偿装置、动态无功补偿装置、柔性输电技术得到应用,这些都对电网的运行控制提出了更高的要求。国内外广泛提出了智能电网的概念,通过先进的电网技术、传感测量技术、通信技术、信息技术、计算机技术和控制技术与传统电网高度集成而形成新型电网。国家电网公司提出了建设坚强智能电网的战略,将“建设数字化电网,打造信息化企业”作为当前的重点任务[14],如何提高变电站及其他电网节点的智能化程度成为打造信息化企业的重要工作之一。作为智能电网中的一个环节，智能变电站是电网智能化的重要组成部分。智能变电站采用先进、可靠、集成的智能设备，以全站信息数字化、通信网络化、信息共享标准化为基本要求，自动完成信息采集、测量、控制、保护、计量和检测等基本功能，并根据需要支持电网实时自动控制、智能调节、在线分析决策、协同互动等高级功能。

智能化是智能变电站的关键，需要实现信息纵向的贯通和横向的充分交互，一次设备不再通过大量电缆与二次设备交互，而是通过智能化或与过程层设备配合进行网络化的数据交互。因此，实现变电站信息交换的标准化是智能变电站建设的基础。国际电工委员会(IEC)建立了新一代的变电站信息交换标准——IEC 61850。目前的智能变电站主要以符合 IEC 61850 的变电站通信网络和系统、网络化的二次设备为主要建设目标，同时探索智能化的一次设备、信息化的运行管理系统等技术和手段，不断提高变电站的智能化水平。

智能变电站的工程实践目前主要经历了以下三个阶段。

(1)第一阶段可以称为数字化阶段。侧重在数字化层面进行设备的研发与应用工作，通过网络取代一、二次设备之间和二次设备之间的大量电缆，简化变电站的建设与维护。第一阶段从 2007 年的宣家(外陈)变电站开始，以大侣变电站、芝堰(兰溪)变电站等数字化变电站为代表，充分验证了面向通用对象的变电站事件、采样值等过程层数据传输技术和组播注册协议、IEEE 1588 等网络技术的可行性，充分认识了技术发展中可能存在的问题，为智能变电站的发展奠定了技术基础。

(2)第二阶段可以称为推广应用阶段。从 2010 年芝堰(兰溪)变电站、午山变电站、金谷园变电站智能化改造开始，通过开展过程层应用、电子式互感器、一次设备在线监测、顺序控制、智能告警、一体化智能网关机等应用，变电站逐步向智能化方向发展。第二阶段，从过程层通信、控制保护设备、变电站建设等不同方面制定了一系列智能变电站技术标准。以过程层通信为例，国家电网公司制定了选用延时固定、相对可靠的点对点通信作为过程层通信的标准方案，中国南方电网公司制定的选用对时同步、组网的过程层通信方案作为标准方案，并对方案实现细节做出了详细的规范要求。在第二阶段，智能变电站的建设逐步走向规范化和标准化。

(3)第三阶段可以称为探索提高阶段。2013 年国家电网公司提出了建设新一代智能变电站的目标，智能变电站进一步向集成化方向发展，并选定北京未来城等六座变电站作为第一批示范应用项目，开启了智能变电站发展的新篇章。

(三)智能变电站继电保护技术介绍

国家电网公司颁布的《智能变电站继电保护技术规范》(Q/GDW 441—2010)，给出了关于智能变电站中的母线保护装置的明确要求。母线装置作为电力系统中的重要部分，具有连接元件多、运行方式复杂等特点。集中式母线保护虽然配置简单，但适用场景有所限制，当接入母线装置的间隔数较多时，集中式母线保护将无法满足多间隔导致的大容量数据交换的要求。因此，设计应用于智能变电站的分布式母线装置很有意义。

《智能变电站继电保护技术规范》指出:"母线保护直接采样、直接跳闸,当接入元件数较多时,可采用分布式母线保护。"[15]集中式母线保护集中采集数据,集中进行处理,而分布式母线保护分散采集数据,然后集中进行处理,因此分布式母线保护相对优于集中式母线保护。此外,变电站保护未来的发展更倾向于分散布置及就地化。显然,分布式母线保护比集中式母线保护更加符合这种发展趋势。

1.对继电保护装置的技术要求

继电保护应符合可靠性、选择性、灵敏性和速动性的要求,当电力系统处于不正常状态或故障状态时,能够针对电网运行中存在的故障进行分析,并做出有选择的、快速的、可靠的动作。

在网络结构上,智能变电站继电保护技术可以分为过程层、间隔层和站控层。各层设备的高可靠性以及通信的高可靠性、实时性和高安全性,决定了变电站继电保护的选择性、速动性和可靠性。各层间的相互配合使环境、线路、设备的运行状态和数据的采集、传输、处理、判断更加便捷。

过程层主要实现对运行网络电气量的采集、一次设备运行状态的监控以及执行动作命令,例如,变压器、断路器、电流/电压互感器、智能电子装置。间隔层主要实现承上启下的通信功能(过程层和站控层的信息交互)、统计运算、数据采集、保存、处理并发出控制命令,最终完成对线路以及一次侧设备的高效保护。

为了服务变电站继电保护应用的可靠性、选择性、灵敏性和速动性,智能变电站需满足以下要求。

(1)一次设备功能要求

①一次设备应具备高可靠性,其绝缘采用可以与设备本身以及运行环境相互适应。

②由于智能变电站继电保护技术需要设备运行状态以及线路的数据等信息,为了数据的有效采集,可将其设置为自动采集。

③根据实际需要,一次设备可被嵌入电子式互感器,提高集成化。

(2)智能组件的结构要求

①智能组件是具有高自动化的设备,该智能组件可以灵活配置,运行状态数据采集数字化,在控制方式上实现网络化,在状态检测上实现可视化。

②根据实际需要,在满足相关标准要求的条件下,智能组件可集成计量、保护等功能。

③智能组件宜就地安置在宿主设备旁。

④智能组件采用双电源供电。

⑤智能组件内各 IED 凡需要与站控层设备交互的,均可接入站控层网络。

⑥根据实际情况,智能组件可以由不同功能的元件单元相互连接,实现一个智能组件的性能。

(3)智能组件的通用技术要求

①由于电网存在着恶劣环境,智能设备应适应现场电磁、温度、降雪、震动等恶劣环境,确保电网系统安全、可靠、稳定运行。

②智能组件应具有就地综合分析判断、实时进行状态监测和不正常或故障状态预报

的性能,满足设备智能化、设备状态可视化要求。

③宜有标准化的物理接口及结构,具备"即插即用"功能。

④通信应依靠以太网进行,通信使得过程层、间隔层以及站控层进行数据交换,其实时性、可靠性必须要高,应优化网络配置方案,保证对实时性、可靠性要求高的IED的功能及性能要求。

⑤应支持顺序控制,支持在线调试。

⑥保护装置应能自动对时,不应依赖外部对时系统。

(4)信息采集和测量功能要求

①应实现对全站遥测信息和遥信信息(包括隔离开关、变压器分接头等信息)的采集。

②在模拟量采集方面,若系统需要较高精度的模拟量,则系统应采用高精度数据采集技术。

③考虑数据的实时性和同步性,对有精确绝对时标和同步要求的电网数据,应实现统一断面实时数据同步采集。

④宜采用基于三态数据(稳态数据、暂态数据、动态数据)的综合测控技术,实现全站数据的统一。

⑤采集及标准方式输出。

⑥测量系统应具有良好的频谱响应特性。

⑦应具备电能质量数据测量功能。

(5)控制功能要求

①保护装置应监视合并单元(Merging Unit,MU)采样值发送间隔离散值,当超出保护装置允许范围时,应报警、闭锁相关保护功能。

②保护装置应采用两路不同的A/D采样数据,当某路数据无效时,保护装置应报警、合理保留或退出相关保护功能。当双A/D数据之一异常时,保护装置应采取措施,防止保护误动作。

③应支持网络化控制功能。

④应支持紧急操作模式功能。

(6)状态监测功能要求

①通过传感器的安装,能具备自动并实时采集线路、设备运行状态信息的能力。

②应具备综合分析设备状态的功能,具备与其他相关系统通信并进行信息交互的能力。

③应具备远程调阅历史数据的能力。

(7)其他功能要求

①保护功能不应受站控层网络的影响。

②保护装置应自动补偿采样延时,当采样延时异常时,应发报警信息、闭锁采自不同MU且有采样同步要求的保护。

③保护装置应按MU设置"SV(Sample Value)接收"软压板。

④保护装置应具有更改GOOSE和SV软压板描述功能。

⑤保护装置应能通过不同输入虚端子对电流极性进行调整。

⑥除远方操作压板和检修压板采用硬压板外，其他压板采用软压板。

⑦保护装置上送站控层数据带的时标，应采用标准零时区，不应采用当地时区，人机界面应采用当地时区。

⑧保护装置应有过程层通信中断、异常等状态的检测、告警和闭锁相关保护的功能。

⑨采用 GOOSE 服务传输温度等模拟量信号时，发送装置应设置变化量门槛，避免模拟量信号频繁变化。

⑩SV 采样通信中断后，保护装置应采取措施防止保护误动作。

2. 分布式母线保护装置

根据 IEC 61850 标准，智能变电站可分为过程层、间隔层和站控层。[16]智能变电站的过程层由合并单元和智能操作箱单元两部分组成，合并单元主要面向各模拟量；智能操作箱单元主要面向各开关。数字化的模拟量信号 SMV(Sample Measured Value)传输至过程层后按标准规范(IEC 61850-9-2) 要求发送给保护及测控装置。过程层中的合并单元进行信息的上传下达。

(1)收集断路器及断路器的状态信息，传送给间隔层的保护及测控装置。

(2)接收间隔层跳闸信号控制断路器跳闸。

图 6.1 为分布式母线保护装置整体框架的典型示例。

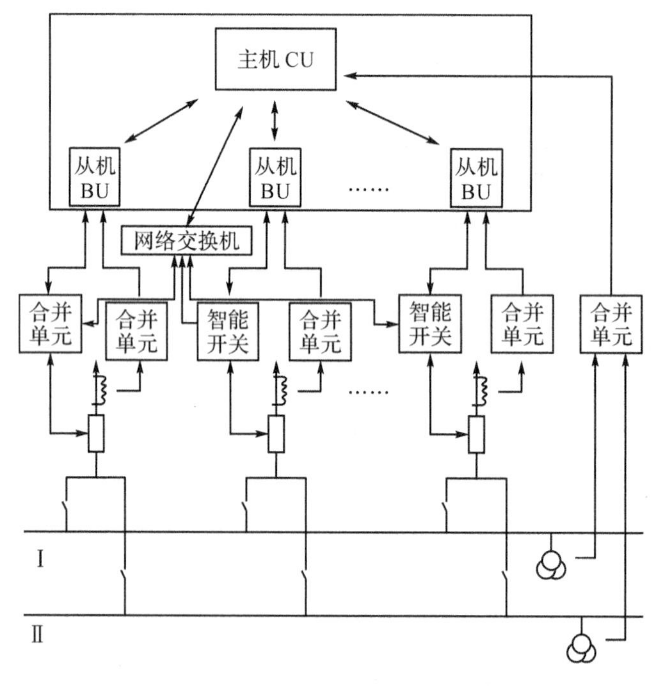

图 6.1 分布式母线保护装置的整体框架

进行电流采集和点对点传输的 GOOSE 开关量的合并单元与从机处理单元(BU)连接，进行电压采集及网络传输的 GOOSE 开关量的合并单元与主机处理单元(CU)连接，各个从机处理单元与主机处理单元相连，它们之间均通过光纤相连。

主机处理单元由保护管理插件、逻辑运算插件、从机通信插件及过程层通信插件共同构成。其中，保护管理插件包括嵌入式处理器、存储器、以太网控制器及其他外部设备，它的功能是对整个装置人机界面、通信和录波等功能的管理；逻辑运算插件包括数字信号处理器及其他外部设备。一方面，逻辑运算插件通过高速数据总线与从机通信插件机进行通信；另一方面，其通过高速数据总线与主机处理单元过程层通信插件进行通信。通过这两种渠道接收 SMV 数据及 GOOSE 开关量数据。两者接收的 SMV 数据完全独立，以保证某一路数据无法采集的情况下仍能可靠闭锁。从机通信插件负责 CU 与 BU 之间的通信，由数字信号处理器、4 组光纤收发 VI 及其他外部设备构成，每块从机通信插件可连接 4 个 BU，它的主要作用为：①将 BU 打包上送的电流 SMV 数据及点对点 GOOSE 开关量数据，解压缩后传输给 CU；②接收 CU 的跳闸命令，打包后发送给 BU。过程层通信插件主要包括数字信号处理器和 8 个百兆光纤以太网接口两个部分，该插件支持 GOOSE 功能并满足 IEC 61850-9-2 规约，接收电压 SMV 数据及网络传输的 GOOSE 开关量数据并将其传输给逻辑运算插件。

从机处理单元由管理及通信插件和过程层通信插件构成。其中，管理及通信插件包括数字信号处理器、一组光纤收发接口及其他外部设备三部分。从机处理单元通过光纤与 CU 的从机通信插件相连，实现通信。此外，从机处理单元通过高速数据总线与 BU 过程层通信插件通信，接收电流 SMV 数据及点对点 GOOSE 开关量数据，并打包后传输给 CU。同时，接收 CU 下发的 GOOSE 跳闸命令并传输给过程层通信插件。过程层通信插件的功能是接收点对点采样数据，并向智能操作箱发送跳闸命令。每块过程层通信插件包括 8 个百兆光纤以太网接口，连接 4 个间隔，因此每个 BU 一共可以接收 12 个间隔的点对点采样数据。

3. 分布式母线保护的原理及特点

与传统的集中式母线保护相比，分布式母线保护是由多个母线保护单元构成的，被保护母线的回路数目就是保护单元的个数，母线保护单元的保护屏和其他单元间的数据交换则通过以太网来实现。其他回路的单元可以获得通过大电网的数字量电流，这是由保护单元传送过来的，这样，各单元保护除了能得到本回路的电流量之外，还可以从以太网上获得其他所有回路的电流量，为进行母线差动保护的计算提供基础。若计算结果显示为母线内部故障，隔离本故障则只需断开与本回路相连的断路器即可；若系统检测为区外故障，则断路器不动作，相比于传统集中式母线保护，利用计算机通信网络实现的分布式母线保护具有更高的可靠性。原因在于，当某个保护单元因计算错误或受到干扰而误动作时，只会跳开本回路，不会造成大面积的停电，这是配置超高压母线系统枢纽的关键，在变电站智能化的时代，分布式母线保护必将得到广泛应用。

(1)电压闭锁

目前，电流元件和电压闭锁元件串联是国内主要母线保护输出方式，电压闭锁元件对电压和电流的同步性可以不做制约性要求，因为电压闭锁元件是用来开放或者闭锁断路器失灵保护或者电流差动保护的，而不是直接作用于判断电流差动保护和断路器失灵保护，所以对电压闭锁元件的电压和电流的处理方式和电流相同，只是最后实现电压属性。在变电站越来越智能化、数字化的情况下，合并单元只能进行模拟量的简单收集而自身不具备保护功能，此时的电压判别是在中央处理器中进行的，并且在电压量数字化后当作一个数据点，从过程层交换机中传输到中央处理器的 CPU1 和 CPU2。

(2)断路器失灵保护

断路器失灵保护需要采集的信号可以是：①线路保护或变压器保护之类的间隔层和其他保护的跳闸信息；②断路器控制单元的失灵启动信号。所以在当今数字化越来越完善的智能变电站中，这些信息的交换是由间隔层网络完成的。母线保护所需信息传送方式是以 GOOSE 报文通过间隔层网络输送，这些信息由线路保护和变压器保护的断路器控制单元提供，通过获取与断路器失灵保护相关联的信息来判断断路器是否失灵。只考虑保护信息传输的话，实现方法分两种，第一种可以运用管理插件来充当中转的作用；第二种是利用 CPU3 插件本身的网络接口来直接传输信息。前者因为使用了管理插件，该插件决定了系统可靠性的高低，因此从可靠性的角度考虑，不推荐第一种方式，应尽量考虑第二种方式。

(3)分布式母线保护开关量传送方式

客户/服务器(C/S)和浏览器/服务器(B/S)是 IEC 61850 的两种通信模式。母线保护需要获取间隔的开入量，保护动作时需要同时跳开多个间隔的断路器。从上行开入量的角度，选用 C/S 模式将无法实现某间隔的开入量与本间隔保护、测控装置以及被跨间隔的母线保护同时利用。从下行开出量的角度，如果选用 C/S 模式，母线保护动作将会花费很长时间，很有可能导致不同间隔跳闸时间差相隔较远。因此，选用 B/S 模式是最合适的，母线保护只需提供动作信息，并提交给间隔处理单元中的控制单元，该控制单元就能根据开关量信息，来直接判断是否进行跳闸。模型配置文件用来协调间隔层中央处理器单元和过程层控制单元之间的配合，它们均可能发布信息或订阅信息。在整个过程中，使用系统配置器直接对间隔层设备和控制单元的接口控制文件(Interface Control Document，ICD)进行处理。

在读入和显示发布者的 ICD 后，不仅获取了用于发送的 GoCB (GOOSE Control Block)，而且还获取了 ICD 中添加的镜像逻辑节点，这些逻辑节点与其类型是相同的，相当于发布者在订阅者一侧的镜像，这些镜像与发布者 Data set 中的顺序和类型一致。当作为订阅者的 IED 接收到发布者发送的 GOOSE 后，将 Data set 中各成员信息写入对应的镜像逻辑节点，经过配置，作为订阅者的 IED 配置后的功能描述文件(CID-configured IED description)就包含了与发布者的 IED GOOSE 接收信息和相关的镜像逻辑节点。经过上述配置，在间隔层设备 CID 中，添加了间隔层设备作为 GOOSE 订阅者所收到的所有 GOOSE 信息的镜像逻辑节点，这些信息可能来自本间隔控制单元或多个间隔控制单元。控制单元 CID 添加了所有 GOOSE 信息的镜像逻辑，这些信息在线路保护等保护中可能来自本间隔的 IED，在母线保护等保护中可能来自多个间隔的 IED，由作为 GOOSE 订阅者的控制单元接收。

4.智能变电站分布式母线的保护方案

母线故障是电网运行中影响及危害最大的故障之一，而集中式母线保护二次接线复杂、易受干扰、不易扩展，并且发生故障后难以自适应运行，因此集中式母线保护发生故障时，往往危害较大。相反，分布式母线保护分散收集，集中处理，应对故障的能力更强。

(1)有主站分布式母线保护方案

有主站分布式母线保护是指在间隔的就地保护单元 BU 中对母线间隔 SV 采样数据进行集中合并，将合并后的数据集中到主单元以进行差动判断，据此实现保护功能，也就是所谓的"分散采集，集中处理"。过程层通信网络是保证保护方案有效可行的关键，过程层通信网络包括 SAV 网与 GOOSE 网两部分。

(2)无主站分布式母线保护方案

无主站分布式母线保护的采样值传输采用发布者/订阅者模式，合并单元 LLN0 采样值控制块对通信进行控制。采样值控制块包括：①多播采样值控制块(MSVCB)，使用组播或广播方式，一个发布者向多个订阅者发送采样值数据；②单播采样值控制块(USVCB)，USVCB 采用单播的方式，仅允许一个发布者和一个订阅者进行数据的交换。继电保护系统需要依据三相电流信息实现母线电流差动保护，如果采样值报文全部为 12 路传输，而保护装置不需要这么多，必将浪费带宽。在合并单元设定专门的母线差动保护采样控制块与母线差动数据集可以改善带宽浪费的情况，数据集中仅包含三相电流信息，这样将会减少需要传输的数据量。

对于母线保护而言，如何建立母线差动保护模型以及如何利用软件进行该模型的仿真是基于 IEC 61850 标准进行智能变电站自动化系统设计的难点与重点。智能化变电站的推广建设，给电网带来了极大的机遇与挑战，继电保护技术也需要根据变电站先进技术的发展做出优化调整，推动变电站自动化技术的发展。

二、发展重点

(一)IEC 61850 标准

IEC 61850 标准是中国与欧美共同认可的国际标准。[17] 自 2004 年发布以来，已在数字化变电站和智能变电站大量应用，成为中国智能变电站乃至新一代智能变电站建设的基础。欧洲国家由于需求、投资等方面的因素，基于该标准的工程应用相对较少，因此对此标准工程应用的推进力度较小。但由欧洲 34 个国家的 41 家输电系统运营商(Transmission System Operator，TSO)组成的欧洲互联电网组织 ENTSO-E 则坚定地认为，IEC 61850 标准是未来变电站发展建设的基础，整个欧洲国家可以通过该标准的推广应用获得经济和技术上的效益，并呼吁全面推广应用。从这一点来看，中欧完全一致。欧洲各国在统一认识、广泛呼吁的时候，国内对于 IEC 61850 标准已具有十多年工程应用的经验。但随着 IEC 61850 标准第二版的逐步发布，现阶段的智能变电站不仅面临进一步的升级和完善，同时也将面临一些新技术的应用，而这仍将会是中欧共同关注的

焦点。[18,19]

IEC 61850 标准的宗旨是“一个世界、一种技术、一种标准”[20]，它的目标是实现设备间的互操作，其作为国际统一变电站的通信标准已获得了广泛的认同和应用。它不仅应用在变电站内，而且运用于变电站与调度中心之间以及各级调度中心之间。国内外各大电力公司、研究机构都在积极调整产品研发方向，力图和新的国际标准接轨，以适应未来的发展方向。

随着嵌入式计算机以太网通信技术的飞跃发展，智能电子设备之间的通信能力大大加强，保护、控制、测量、数据功能逐渐趋于一体化，形成了庞大的分布式电力通信交流系统，电力系统正逐步向电力信息系统发展。现如今，许多设备生产商都具有一套自己的通信规约，通常一个传统的变电站可能有南瑞、许继、四方等多个厂商的协议同时在使用，整个电网里运行的规约多达上百种。

国际电工委员会 IEC TC57 技术委员会(电力系统管理及其信息交换委员会)从 1994 年开始，经过多年的试验与考察，借鉴了 IEC 60870 系列国际标准和美国电科院 UCA 2.0 的经验，同时吸收了很多先进的技术，在 2004 年颁布了关于变电站内智能电子设备(Intelligent Electronic Device，IED)互连的国际标准 IEC 61850，对保护和控制等自动化产品和变电站自动化系统(Substation Automation System，SAS)的设计产生了深远的影响。而各大设备厂商考虑商业利益，对自己的通信协议一般都是采取保密措施，采用不同厂家的 IED 设备时，需要复杂的、高费用的协议转换，因而进一步加大了系统集成的困难程度，客户在进行设备采购时也受限于设备生产商，系统集成成本大大提高。

1. 远动通信规约

(1)CDT(Cylic Digital Transmission)规约。CDT 规约是中国电力行业制定的第一个远动规约标准，由于该规约比较简单，因而得到了非常广泛的应用。但是 CDT 规约由于当时的通信信道和容量限制，只能循环传送信息，虽然支持遥信变位优先插入，但不支持模拟量变化传输功能，不能完全实现各种数据的分优先级优先传送，通信效率低；而且数据本身不携带属性信息，远方操作员不能诊断现场设备的运行状况，信息容量小，通道利用率低。

(2)基于专用设备的问答式规约 SC 1801。SC 1801 规约是在 20 世纪 80 年代末，随着国外远动设备的引进而采用并推广的。与 CDT 规约相比，它能够实现变化数据的优先传送，支持简单的在线配置和诊断，提高了数据的完整性和可靠性，从而得到了用户的肯定。但是这种规约原本是和专用设备配套使用的，在数据的组织格式上具有特殊性，信息容量有限，并且仅适用于非平衡式链路传输。

(3)IEC 60870-5 系列通信规约。IEC 60870-5 系列通信规约是 IEC TC57 工作组为适应电力系统及其他公用事业传输远动信息的需要而制定的，它包括两部分内容：基本标准和配套标准。[21]基本标准分五篇，规定了传输帧格式、链路传输规则、应用数据的一般结构、应用数据的定义与编码、基本应用功能五个部分内容。配套标准对基本标准中的信息体规定特殊用途，或定义另外的信息体、服务规则和基本标准参数。配套标准采用 ISO/OSI 七层协议简化后的三层增强功能模型(物理层、链路层、应用层)，实现了比完整七层模型更快的响应速度。

(4) DNPV 3.0。DNPV 3.0 于 1993 年由加拿大的 CE-Harries 开发,目前由 DNPV 3.0 用户组技术委员会负责维护和标准的制定修改。DNP 也是一种基于 IEC 标准的开放式通信规约,用以在电力企业、石油、天然气、水利/废水企业以及安全部门等系统之间实现信息交换,在北美应用较多。该规约根据支持的应用功能不同分为三个层次,用户可以根据系统规模来选择或要求自动化系统制造商达到某个层次的功能。因此,可以被用于任意数据采集与监视控制系统(Supervisory Control and Data Acquisition System, SCADA),在变电站计算机、远程终端单元(Remote Terminal Unit,RTU)、IED 和主站之间通过串行方式或基于局域网系统进行高效、可靠地通信。

2. IEC 61850 的含义及特点

IEC 61850 作为全球统一的变电站通信标准,它的主要目标是实现设备之间的互操作,实现变电站自动化系统的无缝集成,该标准是今后电力系统无缝通信体系的基础。所谓互操作,这是一种能力,使分布的控制系统设备之间能即插即用,自动互联,实现通信双方理解互相传达与接收到的逻辑信息命令,并根据信息正确响应、触发动作、协调工作,从而实现一个共同目标。互操作的本质是解决计算机异构信息系统集成问题。因此,IEC 61850 采用面向对象思想建立逻辑模型、基于 XML 技术的变电站配置描述语言 SCL (Substation Configuration Description Language)、将 ASCI 映射到 MMS (Manufacturing Message Specification)协议、基于 ASN.1 编码的以太网报文等计算机异构信息集成技术。

IEC 61850 标准是目前关于智能变电站数据通信的最完整的国际标准。与传统的变电站自动化系统工程设计和通信现实相比,IEC 61850 更侧重于一个统一环境即系统平台的建立,这个平台包括通信平台、管理平台以及测试平台,在这个平台上可以满足一致性要求。它具有开放系统的特点,实现信息分层、系统配置、映射对象与具体网络独立、数据对象统一建模,在测控、保护、计量、故障录波、监测 IED 之间能够进行无缝链接,避免了烦琐的协议转换,实现了间隔层与站控层以及间隔层与智能设备之间的互操作。IEC 61850 标准的制定以实现变电站的互操作性、自由配置、长期稳定性为目的,其相对于其他标准(如 SCADA 通信协议)有如下突出的特点。

(1)使用面向对象的统一建模语言(Unified Modelling Language)。

(2)采用分布、分层的结构体系。

(3)使用抽象通信服务接口(Abstract Communication Service Interface,ACSI)和特殊通信服务映射(Specific Communication Service Mapping,SCSM)技术。抽象建模与具体实现独立,服务与通信网络独立,适用于 TCP/IP、OSI、MMS 等多种传送协议。

(4)实现智能电子设备间的互操作性,不同制造厂家提供的智能设备可交换信息并使用这些信息执行特定功能。

(5)提供自我描述的数据对象及其服务,满足智能变电站功能和性能要求。具有面向未来的、开放的体系结构,能够定义其他领域的任何新的逻辑节点和公共数据类,并可兼容主流通信技术而发展,可伴随系统需求而进化。

3. IEC 61850 的功能和优点

(1)三层架构及逻辑接口

IEC 61850 完成了计量、保护、控制和在线监测四大功能。从逻辑、物理和通信上将系统分为三层,即站控层、间隔层和过程层,并定义了三层之间的接口,由过程层网络(总线)和站控层网络(总线)进行通信连接。站控层的功能分为两类:一是与过程相关的功能,主要是指利用各个间隔或全站的信息对多个间隔或全站的一次设备发生作用的功能,如母线保护或全站范围内的逻辑闭锁等,站控层通过逻辑接口完成通信功能;二是与接口相关的功能,主要是指与远方控制中心、工程师站及人机界面的通信,通过逻辑接口完成通信功能。

(2)逻辑节点描述

为了实现智能化的目标,所有变电站设备的已知功能被标识并分成许多子功能即逻辑节点(Logical Node,LN)。逻辑节点分布在不同设备内和不同层内。因此,IEC 61850 标准将定义逻辑节点之间的通信。逻辑节点通过逻辑连接互连,物理装置则通过物理连接实现互联。逻辑节点是物理装置的一部分,逻辑连接(Logical Connection,LC)则是物理连接(Physical Connection,PC)的一部分。由于难以为当前和未来的应用定义全部功能,规定各种分布和相互作用,因此以某种通用的方法规定和规范化逻辑节点间的相互作用显得非常重要。

(3)信息分层模型

信息分层模型及其建模方法是 IEC 61850 系列标准的核心,该系列标准采用分层的概念对实际组件进行建模。所有的实际设备都被称为物理设备或服务器,在信息模型的最外层网络相连。每个物理设备首先被抽象成虚拟的逻辑设备,然后根据具体功能的不同,将逻辑设备细化成逻辑节点来描述,这些逻辑节点就是具有某一完整功能的最小实体单位,它们各自包含着各种数据,而每个数据里面又包含不同的数据属性。通过这样的分层结构就可以清楚地表述各种数据。

(4)功能自由分布和分配

位于不同物理设备的两个或者多个逻辑节点所完成的功能称为分布或者就地功能,即所有功能在一个通路内的通信。分布功能的定义不是唯一的,它依赖于执行功能步骤的定义,直到完成功能。为实现分布功能,当丢失一个逻辑节点或者丢失部分包含通信链路时,功能可完全闭锁或者(如果合适)将功能降级以弱化故障的影响。为了满足通信的要求,尤其是满足功能自由分布和分配,所有功能都被分解成逻辑节点,然后进行功能建模,这些节点可分布在一个或多个物理装置上。由于一些通信数据不涉及任何一个功能,仅仅与物理装置本身有关,如铭牌信息、装置自检结果等,因此需要一个特殊的逻辑节点“装置”,即引入 LLN0 逻辑节点。逻辑节点之间通过逻辑连接(LC)相连,专用于逻辑节点之间的数据交换。[22]

IEC 61850 标准建模方法主要有以下两个步骤:

①应用功能与信息的分解获取公共逻辑节点。

②逐步合并创建信息模型,利用逻辑节点搭建设备模型。

(5)工程配置语言 SCL

基于 XML 技术,IEC 61850 定义了一种变电站描述配置语言(SCL),用于描述智能变电站系统与一次设备之间的关系及 IED 配置情况。SCL 提供了统一工程数据格式,且有以下四种文件类型。

①SSD:系统规范描述文件(一次系统接线图和相关逻辑节点)。

②SCD:全站系统配置文件(一次系统、二次设备及其与一次设备的关联、通信系统等最完整的描述)。

③ICD: IED 能力描述文件(功能、信息模型和服务模型)。

④ICD: IED 实例配置文件(二次设备模型、与一次系统的关联、通信参数)。

(6)IEC 61850 通信网络

IEC 61850 使用以太网技术,包括总线型、环网、双网和单网等多种形式。以太网交换机必须支持优先级设置(IEEE 802.1Q)和虚拟局域网(VLAN IEEE 802.1P)。位于站控层和间隔层之间的网络采用抽象通信服务接口映射到制造报告规范(MMS)、传输控制协议/网际协议(TCP/IP)以太网或光纤网。IEC 61850 标准中没有继电保护管理机,变电站内的智能电子设备均采用统一的协议,通过网络进行信息交换。

(7)通信映射

特定通信服务映射在抽象的 ACSI 上,和具体的某一特定协议之间建立起映射关系。IEC 61850 标准将 ACSI 映射到 MMS,形成了基于 IEEE 802.3 标准的过程总线,传输层至少支持 TCP/IP 的应用层协议,该协议适用于站控层和间隔层设备,或间隔层设备之间,或站控层设备之间的通信。

ACSI 即抽象通信服务接口,它是独立于通信协议,独立于具体实现,独立于操作系统的抽象服务过程和相关数据类的描述。ACSI 主要由客户/服务器模式和发布者/订阅者模式两种通信机制组成,前者针对控制、读写数据值等功能服务;后者针对决速和可靠的数据传输服务。ACSI 通过不同的 SCSM 映射到不同的协议,其中,IEC 61850-8-1 核心 ACSI 服务采用 MMS 作为应用层协议,IEC 61850-9-1 GOOSE/采样值服务器应用层是 GOOSE 协议,GSSE 代表了 UCA2.0 中的 GOOSE,时间同步服务使用了简单网络时间协议(SNTP)。

4. IEC 61850 的应用难点和局限性

(1)软件复杂性

IEC 61850 系列标准充分吸收了计算机信息处理中的面向对象模型技术,并通过抽象的通信接口等方法进行了每一层的设计,希望能够容纳不断发展的通信技术,保证标准在较长的时间内具有良好的通用性,然而也不可避免地给标准的实现带来了复杂性。就目前而言,研究出符合 IEC 61850 标准产品的难点主要在于 MMS(制造报文规范)、SCL(变电站描述语言,基于扩充的 XML 扩展标记语言)和 GSSE/GOOSE(通用变电站事件,用于期待控制电缆进行开关状态和跳闸命令的传输)等方面。

(2)硬件升级代价

软件的复杂性导致对 CPU 速度以及内存具有较高的需求,同 103 等传统规约相比有了数量上级的飞跃。为了实现 MMS 通信,100M 的 CPU 速度和 8M 动态内存应该是基本配置,这导致各设备制造商必须升级已有硬件才能实现 IEC 61850 功能,在一定程度上也会导致用户初期采购成本的增加(由于减少了后期的维护和改扩建费用,生命期内总体拥有成本会减少)。

(3) GOOSE 应用体现了网络的重要性

传统保护跳闸等应用通过控制电缆来实现,各种保护是自足的并且可能在站内实现某种程度的备用(如主变压器保护作为出线的后备保护等),一旦所有跳闸及联络都通过通信来实现,那么通信设备的可靠性将可能成为变电站运行安全的瓶颈。如果大量通过点对点电缆连接来实现 GOOSE 通信,似乎又违背了 IEC 61850 的初衷,实现不了减少控制电缆以降低系统复杂性的目的。

(4)国内需求的切合度

IEC 61850 模型更多地考虑了欧洲和北美的需求,并在某种程度上按照西门子、ABB 等厂家的习惯设计。当在国内装置上实现时,与国产传统装置的实现差别较大,尤其在保护逻辑节点及定制方面,必须按照标准做较大的扩充和修改。另外,IEC 61850 在工程管理、变电站配置语言等方面,也必须和国内的习惯进行磨合,方能探索出可行高效的办法。

(5)目前 IEC 61850 标准存在问题

首先,在保护处理信息方面(定值、带参数信息的保护动作时间、录波),目前版本的 IEC 61850 规定得不够具体甚至相互矛盾(在这方面,欧洲产品基本上在产品调试软件中实现,回避了该问题)。其次,在 SCL 变电站描述语言部分已被发现若干错误。再次,在采用直通信部分,可能超出目前网络及 CPU 硬件水平。

5. IEC 61850 的展望

IEC 61850 Ed 1.0 标准在使用中还有以下六点需要进一步改进。

(1)逻辑节点数目不足,不能满足继电保护功能等需要。

(2)部分通信模型服务定义存在互操作盲区,需要细化规定。

(3)未对网络冗余、网络安全等重要应用需求做出规定。

(4)水电、风能等新能源领域对 IEC 61850 的使用提出了新要求。

(5)变电站间和变电站与调度中心通信还未融入 IEC 61850 体系。

(6)一致性测试标准需要进一步扩展。

因此,IEC TC57 从 2008 年起,陆续起草并颁布了 IEC 61850 Ed 2.0 标准以及新增标准。同时,考虑 IEC 61850 标准的范围已经扩大,IEC 61850 新版标准将以“公用电力事业自动化的通信网络和系统”为标题,明确将 IEC 61850 的覆盖范围扩展至变电站以外的所有公用电力应用领域,主要的后续工作为:基于 IEC 61850 系统的功能测试的方法、基于 IEC 61850 的系统管理技术规范、基于 IEC 61850 的 FACTS 建模、基于 IEC 61850 的报警处理、基于 IEC 61850 的可调负载的对象模型和对 IEC 61850 的扩展进行管理。

(二)电子式互感器

中国的电子式互感器实际是电子式电压互感器、电子式电流互感器以及光学互感器的总称，其自IEC 61850标准推广应用之际就一同试点应用，并与IEC 61850标准一起成为数字化变电站的两大核心技术。虽然目前国内的电子式互感器在实际工程中暴露出运行不稳定等一系列问题，但不可否认的是，电子式互感器仍然被认为是今后技术发展的趋势。因此，虽然在国内智能变电站和新一代智能变电站的发展建设中，电子式互感器并未作为必备的配置，但仍然将其作为可选配置，这在一定程度上为其技术的改进和完善、产品稳定性和可靠性的提升预留了空间。[17]

欧洲国家将电子式互感器统称为“非传统电磁式互感器”，由于其优越的性能，被认为是今后的发展方向。与之配套的合并单元数字化采样技术、开关设备、基于面向通用对象的变电站事件(GOOSE)报文的网络跳闸技术等也被认为是今后的发展趋势。以电子式互感器和GOOSE应用为基础的过程层总线技术将成为欧洲乃至美国今后发展的重点，国内在此领域已开展了较为深入的试点应用，取得了较多的工程应用经验，处于总结改进和完善提升的阶段。[23]

(三)其他技术

除了IEC 61850标准和电子式互感器两大突出的技术外，欧洲国家还针对智能变电站提出了如下技术发展方向：变电站内部数据的便捷交互(状态监测、设备自检、远程调试和远程整定)、新的系统功能(同步相量、自动运行和分布式状态估计)、状态监测及评估、改进的变电站站间闭锁功能、系统和保护的即插即用、广域保护和监测、约束管理、柔性应用和简单的调试流程等。这些新技术或者新功能绝大多数都以运行维护为基础。

上述新技术虽然多，但却来自欧洲不同的国家，而中国智能变电站由于具有系统性的特点，除了涵盖上述所有技术及功能之外，还具有更多智能化属性。中国智能变电站是以智能化的一次设备、网络化的二次设备为基础，通过规范信息的标准化采集、传输和接入，构建一体化监控系统，从而实现全站信息的统一存储、统一管理和统一分析，也因此具备了更多智能化功能实现的基础，如智能告警及信息综合应用等。文献[24]涉及的一体化监控系统、变电站辅助设备和系统的接入、一次设备状态监测系统的管理、运行管理系统与一体化监控系统的交互等就是其具体体现，这也充分体现了中国智能变电站总体架构的高度。

三、存在的问题

针对智能变电站发展中存在的问题，中国与欧洲国家因发展理念及所处发展阶段的不同而存在显著的差异。国内已有大量智能变电站工程建设的实例,因此目前大多关注工程建设中所暴露出的实际问题。欧洲国家的智能变电站还处于筹划起步阶段,因此大多只是提出预见性以及结合实际试点工程情况预测的潜在性问题。[17]

从2009年智能变电站工程开始试点建设,到2011年全面推广应用,再到2013年新一代智能变电站试点工程建设,中国智能变电站已经过多次改进和完善,总体水平得到有效提升,但结合当前的实际,还存在以下问题。

(1)一次设备智能化水平不高

现阶段对一次设备状态监测数据的准确性缺乏检测手段,也缺乏对数据完善的评估分析能力,不能对设备的状态进行趋势性分析。另外,一次设备状态监测所依赖的传感器寿命短于一次设备,传感器嵌入后对一次设备本体的稳定性及可靠性产生的影响缺乏相关研究,也未能提出有效的解决手段。欧洲国家在一次设备智能化方面虽然早有尝试,但推广应用程度不高。

(2)电子式互感器运行的稳定性较差,且通信接口不规范

国内目前已大量采用各类电子式电压、电流互感器和全光纤电流互感器,但运行的稳定性和可靠性还存在缺陷,尤其是对温度、湿度和振动等外部环境的自适应能力较差,抵抗电磁干扰的能力也存在不足,给现场运行带来了困难。欧洲国家对电子式互感器的应用较少,且由于造价较高,推广应用有限。

(3)变电站高级应用功能实用化和智能化水平不高

顺序控制、智能告警与分析决策、故障综合分析和分布式状态估计等高级应用功能是决定变电站智能化水平的关键因素,但目前其功能的实用化程度不高,且大量依赖人工配置来实现告警分析功能,导致配置调试工作量增加、配置错误率提升,严重影响了其工程应用。欧洲国家提出了相关发展诉求,但现阶段并未开展。

(4)智能变电站跨专业之间的技术融合未能深入开展

“大运行”和“大检修”的发展建设对变电站内部监控、保护、计量、状态监测、视频、辅助监控和生产信息管理等业务提出了不断融合的新需求,但限于现有的管理模式,专业之间的技术融合较为困难,跨专业的数据交互也不够通畅,这些都制约了变电站智能化水平的体现。欧洲国家现有专业的细分也存在同样的问题。

(5)智能变电站运行维护水平和检修效率较低

由于缺乏有效的调试和运行维护工具,各类新建智能变电站的运行维护目前只能依靠设备厂家和调试单位来实现。随着智能变电站的全面推广建设,今后运行维护的工作量巨大。另外,由于国内二次设备的全寿命周期较国外产品短,且故障发生率较高,加大了运行检修的工作量。欧洲国家目前由于智能变电站工程少,在此方面也缺乏运行维护的经验和有效的检修手段。

(6)智能变电站自动化检测调试能力不足

目前,智能变电站的检测调试大多依赖人工检测,工作量大且效率低,还未能开发出实用的自动化检测工具及设备以提升检测调试能力和效率,满足智能变电站大规模建设的发展需求。欧洲国家因为工程需求较少,目前也没有自动化的调试设备。欧洲国家中,有过IEC 61850标准工程建设经验的电力公司(如法国RTE、西班牙REE等)及设备

厂家对于智能变电站发展建设中存在的问题有着强烈的感受,主要表现如下。

①缺乏统一的 IEC 61850 标准配置工具

IEC 61850 标准虽然制定了统一的信息模型及配置流程,但却没有规定配置工具的具体技术要求,导致配置工具之间缺乏互操作性。很多厂家的配置工具仅适用于自身产品,即使一些工具能够兼容多个厂家的模型,但在智能电子设备(IED)与一次拓扑的关联上再度缺乏统一的实现方式,这给工程应用带来了困难。这一问题在中国也同样存在,而且更为突出,因为国内变电站一次接线的拓扑结构配置目前并未实际开展。现阶段,国内智能变电站的配置工具实现了单个装置 IED 能力描述(ICD)文件的配置和变电站系统描述(SCD)文件的配置,而 SCD 文件仅仅是所有二次设备的 ICD 文件集合,并未实现一次拓扑结构图变电站规范描述文件(SSD)与 ICD 文件之间的融合及设备的关联。

②互操作性存在问题

欧洲国家由于对 IEC 61850 标准的理解存在差异,在具体工程实施中存在一系列互操作问题。虽然欧美之间的互操作测试开展得较早,如早期 ABB 和西门子等产品间的 GOOSE 跳闸测试等,但这仅仅是部分互操作,与真正工程化应用还存在差距,由于缺乏统一的指导,一旦在通信交互上出现理解偏差,就给现场调试带来了困难。国内有统一的指导和协调,因此并不存在此类问题,尤其是国家电力调度中心(简称国调中心)早期组织设备厂家开展的六次互操作试验,为当前不同厂家之间的互操作奠定了基础。

另外,欧洲国家发展智能变电站还存在一些非技术因素阻碍,如欧洲国家普遍认为员工抵制、新技术缺乏(如通信技术)以及设备和系统的生命周期较短将会是今后智能变电站发展存在的潜在问题和主要阻力,具体如下:

第一,员工抵制。由于欧洲国家员工分工细致,各专业仅专注自身领域,新技术的应用会产生大量跨专业业务,造成多专业员工之间协同配合的局面。协同部门数量越多,工作难度也就越大,甚至会出现工作无法开展的情况。另外,由于智能变电站打破了传统专业分工的固有领域,这给当前欧洲各国现有的管理结构带来了冲击,导致不同领域人员工作职能和职位的调整。

第二,新技术推广困难。由于智能变电站相比传统变电站有革命性变化,大量新技术将会被广泛应用,如信息通信技术、数字化采样技术等,但现有的人员显然缺乏对新技术的了解,其结果是增加了员工工作难度,延缓了工作进度,降低了工作效率和工作质量,同时进一步增加了员工对智能变电站发展的抵触情绪。

第三,设备及系统生命周期变短。由于大量的新技术、新设备尚未稳定成熟,且在可预计的短期时间内还会有持续的技术改进和提升,因此,现阶段发展建设智能变电站所采用的新技术、新设备很快会面临淘汰、升级或更新换代的问题,这会造成设备生命周期变短,投资回报率降低,会受到各电力公司股东们的抵制。

而上述问题在中国却不存在,虽然各电网公司员工对新技术也同样缺乏了解,但从国家电网公司层面,始终都有统一的规划来加强员工的学习与培训,推进跨专业之间的协同合作,并不断更新完善新技术、新设备来提高电网安全水平,这就为中国智能变电站的发展建设提供了有力保障。

四、智能变电站的发展方向

目前,欧洲国家建立了智能变电站学术交流的网站,并于2013年11月26日至28日,在德国法兰克福召开了“下一代智能变电站(Next Generation Smart Substations)”的研讨会,来自西门子、ABB、GE和施耐德的设备厂商及法国、西班牙、葡萄牙等国的电力企业参与了研讨,重点针对智能变电站投资、网络安全、IEC 61850标准应用、电网通信、数据管理和分析及新能源集成等领域进行了讨论,同时在会议结束后还召开了面向通用对象的变电站事件(Generic Object Oriented Substation Events,GOOSE)和采样值(Sampled Value,SV)应用的研讨会。2014年10月15日至16日,欧洲国家针对IEC 61850标准的应用,在捷克的布拉格召开了在智能电网架构下,推动IEC 61850标准在输电网和配电网大规模应用的研讨会,来自欧洲输电组织联盟(ENTSO-E)、欧洲配电组织(EDSO)、英国国家电网、法国电网公司、西班牙国家电网公司、西班牙配电网公司、丹麦国家电网公司以及欧姆克朗(OMICRON)等测试设备厂家参与了此次会议,重点对IEC 61850标准第二版的影响和应用、基于IEC 61850标准的系统结构优化、高级应用功能、变电站运行和维护、系统工具开发以及未来智能电网应用等方面进行了讨论。可以看出,欧洲国家目前及今后一段时间的重点仍然是新技术应用的深入分析、理解及相关技术的探讨交流,之后才会是IEC 61850标准和电子式互感器等技术的大量推广应用。

截至2015年年初,1000多座智能变电站以及六座新一代智能变电站试点工程的建成投运为国内智能变电站技术的推广应用及建设经验的积累奠定了坚实的基础。大量工程的实践不仅验证了一系列新技术、新设备,同时也暴露出了一些技术缺陷,为此,国内智能变电站今后的发展重点一方面是要不断解决和消除当前智能变电站存在的问题,同时也会进一步向着设备高度集成、系统深度整合、结构更加开放、功能更加智能的方向发展,并以此为导向,开展系统高度集成、结构布局合理、装备先进适用、经济节能环保、支撑调控一体的新一代智能变电站建设。

五、中欧智能变电站发展的对比分析

由于国情不同,世界各国对智能电网的发展规划也存在差异,中国智能电网的发展规划最早由国家电网公司于2009年提出,其突出特征在于涵盖发电、输电、变电、配电、用电、调度和信息通信等领域。[25-27]为更好地支撑智能电网发展,作为“变电”环节的智能变电站的发展规划随之被提出,并开展了一系列技术研究、产品研制、标准制定、工程建设、检测调试和运行维护等相关工作,为智能变电站工程的建设提供了保障。[17]

下面对中国与欧洲国家智能变电站的发展思路进行对比分析,为智能变电站的发展建设提供参考。

（一）智能变电站内涵的对比分析

2004 年，IEC 61850 标准开始在国内变电站推广应用，行业内对采用这一标准的变电站统称为“数字化变电站”，但这一称谓并未获得官方认可。直到 2009 年，国家电网公司正式提出智能电网的发展规划后，“智能变电站”这一名称及定义才由官方和学术界共同认可并逐步推广。国家电网公司同步发布了企业标准《智能变电站技术导则》，对智能变电站进行了明确定义。2012 年，该标准修订更新后升级为国家标准并正式发布，将其定义为：采用可靠、经济、集成、节能、环保的设备与设计，以全站信息数字化、通信平台网络化、信息共享标准化、系统功能集成化、结构设计紧凑化、高压设备智能化和运行状态可视化等为基本要求，能够支持电网实时在线分析和控制决策，进而提高整个电网运行可靠性及经济性的变电站。[28]该定义作为智能变电站的顶层设计，对智能变电站的发展思路和建设理念提出了系统性要求，为今后智能变电站的发展建设提供了指导。

目前，国外对于智能变电站尚未有明确的定义和统一的认识，但采用 IEC 61850 标准的变电站与传统变电站有着本质的区别，其对传统变电站是一次革命性的提升。因此，未来采用 IEC 61850 标准的变电站在欧洲总体上被称为“下一代变电站（Next Generation Substation）”。当然，为了突出下一代变电站的特点，欧美各国也有着不同的称谓，“Intelligent Substation”“Smart Substation”和“Substation of Future”均被广泛采用。但总体来说，“Smart Substation”正在被逐步接纳。而对于智能变电站自身的内涵，国外更多的是描述性的语言，例如，更加稳定可靠、可实现设备状态自我感知及更有利于运行维护等。分析其原因，主要是因为各个国家的国情及自身发展重点存在差异，相对于国内提出的智能变电站，欧美国家所涉及的领域均在中国智能变电站的范畴内，但仅涉及其中的部分内容。这是因为国内智能变电站得益于国家电网公司从发电、输电、变电、配电、用电、调度和信息通信等环节的系统考虑，可以从智能电网发展的全局高度进行顶层设计，系统性地提出智能变电站的愿景及内涵，并以此指导智能变电站今后的发展建设。欧洲国家由于自身体制和法律法规的限制（如输配分离等）以及专业领域的精细划分，使得一二次领域的结合、电力系统和通信领域合作等都需要极大力量的推动，正是由于这一力量的缺失，导致了欧洲国家难以系统性地提出智能变电站的定义或者发展理念，更多地关注局部领域。因此，这也意味着中国智能变电站的成果今后在国际推广时具有极强的适应性和兼容性。

（二）发展驱动力的对比分析

从国内变电站发展进程来看，IEC 61850 标准的引入推动了中国传统变电站向数字化变电站的发展，并结合电子式互感器的应用，成为数字化变电站最为突出的两大特征，这一发展的驱动力源于技术的革新。若在此基础上进一步发展，则数字化变电站也会逐步向智能化迈进，但总体上发展步伐较为缓慢，同时也缺乏明确和清晰的发展规划做指导。

2009年5月,国家电网公司智能电网发展规划的提出,不仅从整个电网的角度为变电站做出了新的诠释,同时也对变电站提出了更高的要求,而以此为指导所形成的新的发展理念与数字化变电站有着本质的区别,从而开启了中国智能变电站的发展历程。由此可以看出,国内智能变电站发展的主要驱动力来自智能电网发展规划的引领,同时也涉及新技术引入所产生的巨大推动。当然,中国经济发展对电力需求的持续增长也是智能变电站发展的主要驱动力之一。大量新建变电站不仅为智能变电站新技术、新设备的研制和应用提供了良好的验证环境,同时也使得试点工程不断得到改进和完善,这种理论与实际的相互验证使得智能变电站总体水平显著提升。

欧洲国家由于电力需求相对稳定,电网建设速度较慢,再加上经济危机的影响,其新建变电站的需求相对较少。但即使如此,欧洲国家仍然积极投身于智能变电站的发展建设,由于欧洲国家在运行的变电站均为传统变电站,这些变电站设备老化问题突出,后续改造和升级的需求较为强烈,因此,积极采用新技术、新设备来提高变电站及电网的利用效率,成了其发展智能变电站的驱动力。据R&D Nester在欧洲范围内的调研,效率、经济、国际标准、技术、生态和管理是普遍受认可的几项发展驱动力。其中,效率得到40.0%的认可,经济得到25.7%的认可,国际标准得到13.3%的认可,技术得到10.5%的认可,管理得到7.6%的认可,生态得到2.9%的认可。

从上述调研结果可以看出,效率成为欧洲国家发展智能变电站最为关键的驱动力,各国对提高变电站的建设效率、调试效率、设备的利用效率以及运行维护效率已经达成共识。经济也是欧洲各大电网公司从投资角度必须要考虑的因素,各公司要在提高效率的同时降低投资成本,充分保障盈利水平。国际标准的采用可以提高互操作水平,降低设备和信息的交互成本;新技术的采用可以提高变电站的效率;而生态环境则是出于可持续发展的考虑,能够降低电网投资的全寿命周期成本。因此,对比中欧之间的发展驱动力,欧洲国家更重视商业利益,而中国更侧重社会责任,突出电网安全。

(三)发展理念的对比分析

国内智能变电站的发展建设包含方案设计、工程建设、技术研究、产品研制、现场调试、运行维护等所有环节,但现阶段,国内智能变电站的发展重点在于工程建设(电力需求持续增长),而欧洲国家智能变电站的重点在于运行维护(新建变电站较少)。

国内智能变电站为了突显变电站"智能"的特点,采用了大量新技术、新设备、新材料、新工艺及新设计,其首要目的是在为智能电网提供坚强、可靠的节点(变电环节)支撑的同时,全面提高变电站智能化整体水平,技术的先进性成了当前发展关注的焦点。当然,在经过几批智能变电站试点工程建设后,国内智能变电站进入了新的阶段,不再仅仅强调新技术的应用,而开始兼顾建设成本。因此,占地少、造价省、效率高的新一代智能变电站成了今后的发展方向,而配送式模块化变电站建设就是其中的一种尝试和探索。

欧洲的智能变电站发展思路与中国存在较大差异,利用新技术、新设备来服务变电站的运行和维护是其核心发展理念。R&D Nester的调研汇总出了欧洲国家六项典型的发展理念,分别是新技术、独立的厂商、便于运行和维护、可扩展、安全及遵循标准。根据讨论会现场的投票,对这六项发展理念的支持率分别为:便于运行和维护38.2%;安全22.5%;新技术18.6%;遵循标准13.7%;可扩展3.9%;独立的厂商2.9%。

从上述结果可以看出,欧洲国家优先考虑的是运行和维护的便利性,其次是电网安全、技术的先进性、建设的标准化以及可扩展性等,并在此发展理念的指导下选择其具体的发展建设模式以及可采用的新技术。而新技术、标准化、可扩展及独立厂商的需求,其本质都是为了确保变电站运行和维护的便利性及安全性,由此可以看出,欧洲国家智能变电站的发展理念就是在经济高效的驱动力下,围绕运行和维护的便利性及可靠性来开展技术研究、设备研制和工程建设,这也使其发展建设思路更加具有针对性。

(四)发展效益的对比分析

发展理念的差异也导致了中欧在智能变电站建设产生效益方面的差别。R&D Nester在欧洲范围内针对经济效益的调研结果集中体现在节约占地面积、功能高度集成、提升的可靠性、新能源的便捷接入、服务质量的提升和总成本的优化等六个方面。它们的认可度为:总成本的优化38%;功能高度集成22.9%;服务质量的提升21.9%;提升的可靠性13.3%;新能源的便捷接入2.9%;节约占地面积1%。

从上述结果可以看出,由于欧洲国家的电网公司大多采用商业化运作,在经济高效的驱动力推动下,其发展智能变电站所获得的最直接的效益就是总成本的降低,这个成本既包含前期的设计和建设成本,也包括后期的运行和维护成本,其次是设备功能的集成(目的也是便于操作和维护)以及服务质量的提升,最后才是电网的可靠性、新能源的便捷接入。而中国智能变电站建设所看重的减少占地面积这一因素则不在欧洲国家优先考虑的范围之内。相比之下,中国发展智能变电站所产生的效益首先是能够为智能电网的发展建设提供支撑,进一步保障电网运行的安全和可靠,其次是技术的创新性,能够提高变电站的整体技术水平,最后才是经济性和便利性的考虑,这也与发展驱动力所述的社会责任相吻合。

(五)总结

汇总欧洲国家对变电站未来的发展思路和功能需求,对比国内智能变电站的发展建设,得出以下结论。

1.国内智能变电站的建设成果

(1)国家电网公司智能变电站的工程建设国际领先

国外同行所提出的未来变电站相关功能展望均符合国内智能变电站当前建设的范畴,国内智能变电站发展建设的规划不仅十分清晰,而且绝大多数技术都已经进行了工程实践,且部分设备和功能已进行多次改进和完善,总体性能还在进一步提升中。但对于大多数欧洲电网公司来讲,智能变电站更多的只是未来的愿景,绝大多数未开展实质性的建设，且现有部分发展思路在技术应用上还缺乏有效的验证及工程应用，因此其工程建设及应用明显滞后。

(2)国家电网公司技术研究与工程建设相结合发展模式的正确性

以 IEC 61850 标准推广应用为例，虽然该标准由欧美国家主导制定，但其工程应用步伐缓慢，缺乏系统集成的经验。相反，中国在技术研究与试点工程建设相结合模式下却使得技术日益成熟，通过试点工程验证新技术的研究成果，通过新技术的改进提升再逐步推动试点工程的完善，通过多次反复迭代，尤其是多个试点工程的建设，使得国内智能变电站建设取得领先，也再次印证了国家电网公司当前发展思路和建设模式的正确性。

当然，欧洲各电网公司或电力同行们的观点能够为国内智能变电站的发展提供补充和完善。

2. 国内智能变电站今后的发展方向

(1)注重底层技术的研究

尽管国内智能变电站对众多新技术进行了尝试，且经过多次改进和完善，取得了有效成果，但也有较多技术的研究深度与欧洲仍然存在差距，如 IEC 61850 标准与 IEC 61970 标准的协调等；一些新的技术国内也并未有效开展，如网络可靠性等技术。这些都需要今后开展更加深入和务实的研究。此外，随着高级应用功能需求的日益凸显，支撑智能告警与分析等相关高级应用功能所需的基础数据采集、分析及处理的底层技术也需要开展研究，为其今后的智能化应用奠定基础。

(2)注重智能变电站全寿命周期成本的控制

2012 年，国家电网公司在现有智能变电站的基础上开展了新一代智能变电站的试点建设，目的是进一步提高变电站的效率，降低建设成本。减少现有设备数量、减少占地面积固然可降低成本，但在一定程度上却也带来了设备维护成本高、寿命周期短等新的问题。建议智能变电站今后的发展要从全寿命周期角度考虑，实现从设计、建设、研制、检测、调试和运行维护等整个环节成本的最优化。

(3)注重智能变电站运行维护的便利性

当前智能变电站的发展建设主要侧重新技术、新设备的使用，对运行维护的便利性还缺乏考虑。建议在全站设计、设备研制和检测调试环节均充分考虑运行和维护人员的意见，积极开展运行和维护技术的相关研究，促使智能变电站的维护管理更加便利、高效，这不仅可以降低变电站全寿命周期成本，同时也能够进一步提升变电站运行的安全性和可靠性。

(4)注重并推动新技术带来的运行和管理模式的转变

新技术的引入要能够为当前电网的建设、运行和管理带来便利，管理部门也要能够适应新技术应用给各专业分散管理带来的冲击。新技术的应用逐渐模糊了现有专业管理的边界，跨专业的多部门合作将成为今后新的管理趋势。建议结合国内智能变电站发展建设的实际情况以及新特点，在专业管理和新技术应用方面综合考虑，实现智能变电站在管理和技术上的和谐发展。

六、智能变电站自动化系统的新方案

自动化系统作为智能变电站的核心环节,其功能分布、网络结构、与调度间的信息交换方式对于智能变电站的建设至关重要。智能变电站自动化系统普遍按照过程层、间隔层、站控层三层结构建设,同一层中横向功能的集成已有较多研究[29,30],间隔层多功能测控装置、110kV保护测控集成装置、过程层合并单元智能终端集成装置已在智能变电站工程中得到应用。但跨层的纵向整合研究较少,过程层和间隔层间基本采用直采直跳或网络方式进行传输,间隔保护或测控功能实现环节较多,延时略有增加,系统可靠性有待进一步提高。[31]

自动化系统的网络冗余方式通常采用基于双星形独立子网的冗余通信[32,33],实现方式较灵活,硬件要求低,但标准化程度低,应用层处理复杂,难以实现无缝切换,亟待研究采用新的标准化网络冗余方式。

在与主站通信方面,自动化系统目前主要通过基于转发点表的远动通信规约上送电网运行信息,难以满足信息全网共享和分布式应用支撑的需求,国内有研究采用IEC 61850标准作为变电站远传协议方式,以解决站内实时数据和信息模型的远传问题[34],但目前IEC 61850标准体系中缺少变电站与主站间的通信规范,也没有提出对分布式应用的支撑。

为适应智能电网的发展要求,有必要认真思考智能变电站自动化系统的功能分布、网络冗余、信息共享、远程交互等技术,探索新型智能变电站自动化系统体系架构,促进智能变电站技术的进一步发展。

(一)需求分析

作为智能电网最为重要的基础运行参量采集点、管控执行点,智能变电站应满足电网安全、稳定、高效运行的需求,满足无人值守和设备全寿命周期内易于运行维护管理的需求,支撑调控一体化运行,提高整个电网运行的可靠性及经济性。

(1)系统安全可靠

保护、监控功能的安全可靠是变电站自动化系统的核心。目前智能变电站保护、测控功能实现环节较多,由过程层合并单元、智能终端、间隔层保护、测控装置,以及通信环节等共同完成,整体响应时间较长,可靠性和速动性相对于传统保护和测控略有下降。不同功能之间还存在部分横向耦合,例如合并单元耦合了保护和测控数据采集功能,智能终端耦合了保护和测控开入和开出功能,若合并单元或智能终端出现故障,将同时影响保护和测控功能的实现。因此,需要从减少功能实现环节和功能解耦的角度出发,探讨装置和功能更加科学的分布方式,提高功能实现的可靠性和快速性。

通信环节的可靠性直接影响整个变电站自动化系统的稳定和安全运行。为提高智能变电站网络的可靠性,常用方案是配置独立的双网实现冗余。目前,国内自动化系统双网冗余方式标准化程度低,不同厂家实现方式不同,且难以实现无缝切换,可靠性、互操作性等都有待提高。需要研究新的双网冗余机制,实现标准化的无缝网络切换。

(2)信息全网共享

信息是实现电网运行控制的基础,作为信息源,智能变电站采集了大量的信息。[35]受远动通信规约传输容量和调度系统数据容量的限制,智能变电站无法远传所有数据。现有主子站信息交互方式已成为提高电网运行监视及控制水平的瓶颈,限制了调度运行人员对变电站设备的监控能力,难以进一步提高电网运行控制水平。如何实现智能变电站信息的按需传输,向调度主站提供更全面、更有效的变电站设备运行信息,是智能变电站自动化系统的核心需求之一。

(3)分布式应用支撑

智能电网新技术的发展促进了电网分布式应用的发展。目前,国内外已开展了一些相关的研究,如分布式状态估计能够更好地解决基础数据问题,提高电网应用的可靠性。分布式智能告警应用能够更高效地处理电网故障,缩短故障恢复时间。由于调度与变电站长期以来一直分立建设,缺少统一设计,使得分布式应用的应用策略、交互接口等不统一,造成智能变电站的现有应用尚未与调度主站相应应用实现广域协同。电网分布式应用的核心需求是调度主站与智能变电站自动化系统之间应用的广域协同。

(4)系统维护可视化

智能变电站将传统变电站大量的电缆回路转换为网络虚回路,简化了二次回路设计,但由于缺乏直观有效的展示手段,运行和维护人员无法掌握全站的二次虚回路、物理链路和装置间的关联关系。当变电站进行改扩建或更换设备时,由于需要更新全站系统配置文件(SCD),因而不容易界定调试检修范围。此外,二次回路故障定位也较困难,给紧急处理的快速性和检修的效率带来一定的影响。因此,有必要从简化系统运行、维护和管理出发,适应现有的运行维护体系,减少装置数量和虚端子数量,降低虚端子关联复杂度,提高系统的易维护和易扩建能力,对现有变电站设备进行科学的整合和集成。

(二)系统架构

(1)体系架构

为实现上述需求,本部分探讨一种新型变电站自动化系统实现方案,其将线路间隔的部分间隔层设备和过程层设备进行纵向集成整合,系统网络采用并行冗余协议(Paralled Redundancy Protocol,PRP)实现双网,监控功能实现面向服务统一设计。该方案可以减少功能实现环节和虚端子数量,提升网络冗余性能和变电站对各级调控主站的支撑能力。典型的220kV新型智能变电站自动化系统结构如图6.2所示。

间隔层和过程层功能进一步集成优化的显著优点是可以减少设备数量、功能实现环节和配置工作量,增强保护和自动化专业的功能耦合,这些都会显著地提高系统可靠性、快速性和易维护性。

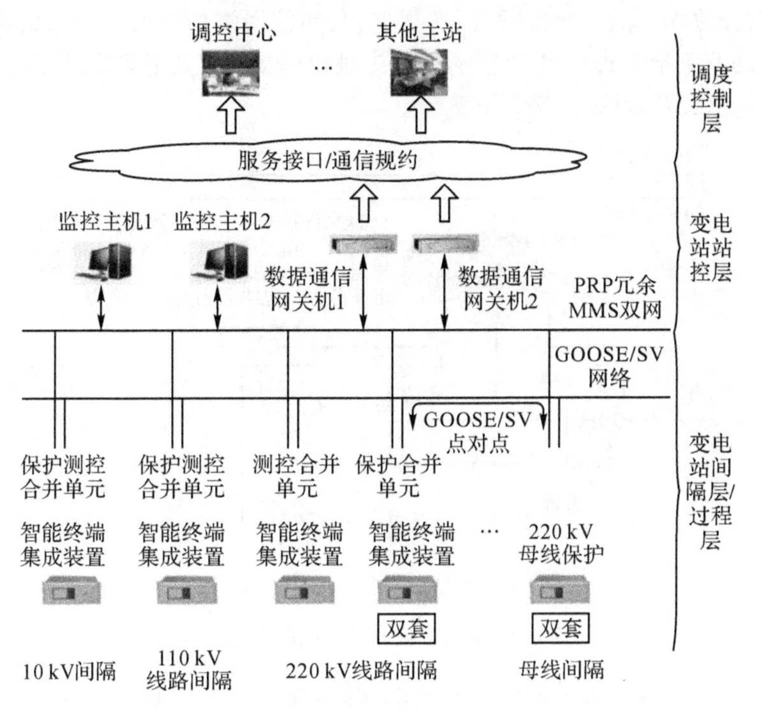

图 6.2　220kV 新型智能变电站自动化系统架构

PRP(Parallel Redundancy Protocol)是国际标准的网络冗余协议,可以实现双网信息的无缝切换,提高设备冗余实现的标准化和互操作性,保证智能变电站信息的实时传输,提升系统的安全可靠性。

站控层设备是面向主站提供支撑服务的关键设备,与调控主站整体采用面向服务的体系结构(Service-Oriented Architecture,SOA),基于智能电网调度控制系统的底层平台技术,可以解决信息交互手段匮乏、应用协同困难等问题,有效提高变电站对主站的支撑能力。

(2)纵向集成的间隔设备

纵向集成的间隔设备是将线路、母联等间隔的过程层合并单元、智能终端功能和间隔层保护、测控功能进行集成,在一套装置中实现采集、保护逻辑或测控计算、出口输出。该装置通过制造报文规范(MMS)协议和站控层设备进行通信,通过"点对点"或网络方式向变电站其他设备输出采样值(SV)报文和面向通用对象的变电站事件(Generic Object Oriented Substation Event,GOOSE)报文,并接收变电站其他设备的 GOOSE 控制报文,进行出口控制。如此,可以减少保护、测控功能实现环节,提高就地保护速动性和可靠性。母线差动保护可以"点对点"方式通过 GOOSE 或 SV 报文和间隔纵向集成装置通信。站域保护、备用电源自动投入装置、安全稳定控制装置等跨间隔的二次设备,则可以通过网络方式接收由间隔纵向集成装置采集的开关量和模拟量,并通过过程层光口,以网络方式将控制输出传输至面向间隔的保护或测控装置中,实现对间隔的跳合闸和控制操作。

一个典型的 110kV 线路间隔纵向集成装置配置示意如图 6.3 所示,其集成了本间隔合并单元、智能终端、保护、测控功能，实现保护、测控所需的电气量的采集，以及与保护和测控相关的开关量采集和控制输出，并通过过程层接口与其他装置通信，实现 SV 发送和 GOOSE 信息交互，站控层接口不变。

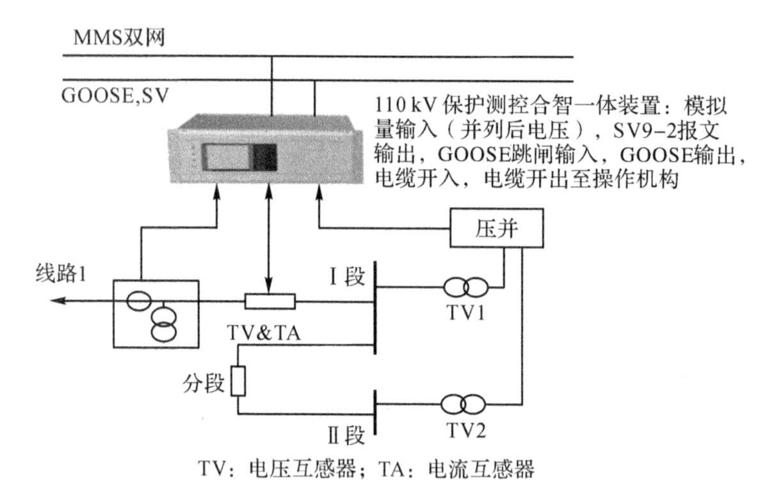

图 6.3　110kV 线路间隔纵向集成装置

20kV 及以上的高压线路间隔一般要求保护、测控在不同装置中实现，可以将保护、测控功能进行解耦，分别研制新型多功能保护装置和多功能测控装置。新型保护装置集成保护相关的合并单元和智能终端功能，测控装置集成自动化相关过程层功能，如此可以实现保护、测控功能解耦，便于运行维护管理。

(3)并行冗余的通信网络

PRP 是由 ABB 公司首先提出的，IEC 62439-3 规定了它的实现方式，其使用遵从 PRP 的双连接节点(Doubly Attaching Node Implementing PRP，DANP)执行冗余。PRP 的网络冗余是在链路层实现的，这不仅可以实现双网的无缝切换，同时易于实现标准化，有利于不同厂家设备的互操作。IEC 61850 第二版的核心标准和技术报告都推荐采用 PRP 实现双星形网冗余，ABB、西门子等国际知名公司已经进行了多次互操作试验。

(4)面向服务的监控功能

面向服务的监控功能统一设计了标准化的底层平台，改变了以往调度与变电站系统的单一性交互手段，设计了各种交互服务，并采用面向服务的广域服务总线，实现纵向的服务灵活调用和信息互联互通，为调度与变电站系统的各类分布式应用协同提供了支撑，提高了调度与变电站的标准化、一体化和互动化水平。在此架构基础上，对目前智能变电站的应用功能进行分析和总结，按照分布式一体化原则来设计和开发面向服务的变电站应用功能，实现调度与变电站之间广域协同的分布式一体化应用。系统架构具有良好的动态可伸缩性，既有能力支撑已有的应用，也可以方便地支撑新的业务功能，适应未来发展的新需求。

系统底层采用智能电网调度控制系统的平台技术，在变电站建立与调度统一标准、统一技术的统一平台，包括通信总线、历史数据库、实时数据库、基于文件的数据存储与管理、数据统一访问接口、系统管理、权限管理、模型管理、人机界面、安全防护等模块。统一平台具有标准、开放、可靠、安全的技术特征和良好的适应性,向监控系统上层各类应用提供支持和服务。

基于与调度统一标准、统一技术的平台,系统建立面向变电站监控业务的各类基本应用和分布式应用,它们在通信总线、数据总线和各种平台服务模块的支撑下完成各自的应用功能,并有机地集成在一起,形成一个功能齐全、可靠稳定的站内监控系统。基本应用模块是系统完成基本监控功能的一些应用模块,包含数据采集、数据采集与监控(SCADA)处理、远动通信等模块。分布式应用实现对系统采集的各类数据进行综合分析处理以及完成高级控制功能,并通过交互服务与调度主站进行信息交换,实现调度与变电站两级分布式应用功能。

针对调度与变电站之间的信息按需共享和分布式应用信息的交互需求,建立了面向调度的各类变电站支撑交互服务,包括状态估计服务、顺序控制服务、智能告警服务、远程画面浏览服务、模型服务、历史数据查询服务、安全认证服务等,支撑调度主站全网状态估计、综合智能告警、远方顺序控制、远程浏览、历史数据查询等应用功能,为调度与变电站的广域应用协同奠定技术基础,支撑调度主站对变电站的全景观测。

(三)关键技术

(1)面向间隔的纵向集成装置实现技术

纵向集成装置集成了合并单元、智能终端、保护、测控等功能,对装置的硬件、软件提出了更高的要求。需要研究高性能微处理器和可编程逻辑器件,提高数据运算和处理速度。同时,需要研究装置内部不同智能模块间高速数据交换技术,基于低压差分信号(Low Voltage Differential Signaling,LVDS)的同步传输技术、基于串行器/解串器(Serdes)的串行传输技术和基于标准以太网的交换式传输技术各具特色,可以根据实际需求选择其中一种方案。

针对220kV及以上纵向集成装置,需要解决220kV间隔的合并单元、智能终端、保护功能的整合方法,以及如何利用最短最优的信息流路径,充分提高采样和动作响应速度,提高装置可靠性和设备性能。

针对110kV及以下纵向集成装置,需要集成采集、控制、测量、计量、监测及保护功能,还需研究高精度量测算法的整合方法,以满足计量和监测的数据精度要求。

二次设备就地化技术也是技术难点。通常,纵向集成装置需要安装在一次设备附近,需要解决一系列就地下放的技术难题,包括研究强电磁场干扰环境、恶劣的气候环境及振动、粉尘条件下的防护措施。

(2)基于PRP的网络冗余技术

对于装置类设备,需要研究基于PRP的网络接口模块,实现PRP的DANP功能;对于站控层服务器类设备,需要研制支持PRP的PCIe接口插卡。

在PRP网络中不易实现基于IEEE 1588的精确对时,IEC 62439-3给出了基于PRP的IEEE 1588实现原理,其对于硬件及软件的要求较高。需要研究基于PRP协议的

IEEE 1588对时机理，以及基于现场可编程门阵列(Field Programmable Gate Array，FPGA)技术的精确对时实现方式。

目前，国内智能变电站中220 kV及以上电压等级的过程层设备及网络广泛采用双套冗余方式，考虑建设成本，不必采用PRP实现网络冗余。在站控层网络实现PRP只需改造间隔层设备的网络接口，同时将站控层服务器类设备的网卡改为基于PCIe的PRP插卡，对建设成本影响不大。

(3)基于服务的主子站远程交互技术

区别于传统远动通信规约仅考虑传输效率，基于服务的主子站远程交互技术还需要考虑通信的扩展性和安全性，不仅要满足当前主子站间信息共享和应用协同问题，还需满足未来新的需求。

参考目前网省调主站之间的服务总线通信，主子站远程交互可采用基于SOA的广域服务总线，设计上需要满足调度主站与变电站之间电力实时监控的环境要求，纵向上能够贯通各级调度和变电站系统，横向上能够贯穿变电站三个安全分区，以实现纵向和横向的服务灵活调用和信息互联互通，为各类一体化协同应用服务的研发提供支撑。基于服务的主子站远程交互如图6.4所示，在变电站侧要建立各种主站需要的基本服务和应用服务，而主站侧不仅要建立各种服务调用，还要建立各种服务管理，负责变电站各种服务的注册、定位以及监控的统一管理。

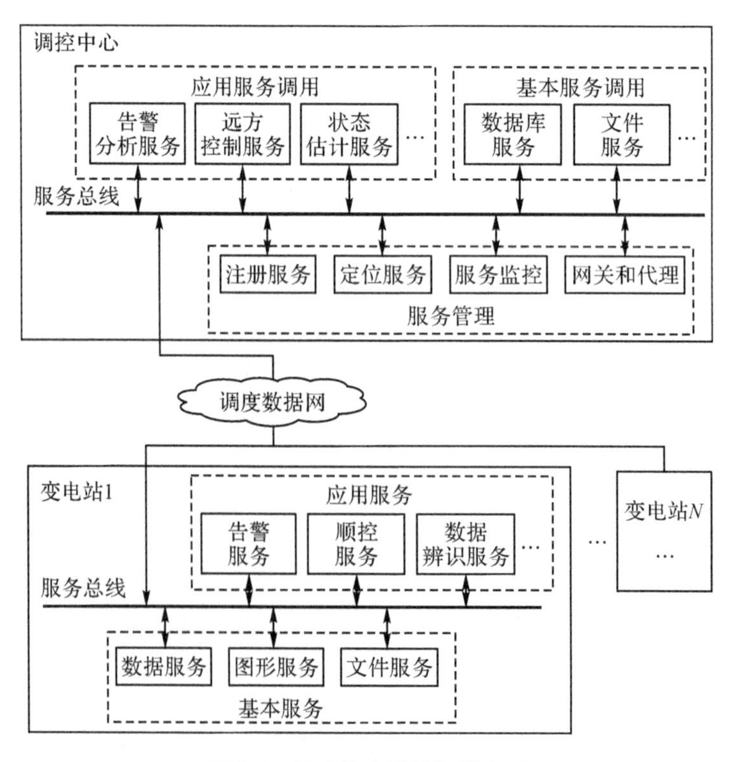

图6.4 SOA的主子站远程交互

由于主站采用双网级联架构，子站采用双网不级联架构，广域服务总线需要同时满足两种架构的传输控制协议(Transmission Control Protocol，TCP)通信机制，实现在调度与变电站间高效、可靠和安全的TCP通信。该机制采用基于组播的链路状态监测与TCP通信方法，包括组播报文监测、智能网卡选择、实时状态判断和未知节点过滤。[36]

此外，安全性也是主子站远程交互的重要课题，特别是远方操作与运行及维护的安全能否保证，已成为支撑变电站无人值班的关键问题。在传统纵向加密认证的基础上，需要进一步研究主子站一体化纵深安全认证策略，建立主子站间数字签名、权限认证等二次安全防护机制，保障主子站远程交互安全。

(4)变电站远方全景观测技术

变电站无人值班以后，变电设备运行监视都在远方实现。理想条件下，变电设备远方运行监视应达到有人就地值班时的运行监视水平，仅当设备故障时，在运维人员去现场处理的环节上有延时。但实际上，由于受到变电站自动化程度和主子站信息交互的限制，变电设备远方运行监视还达不到就地运行监视水平，成为影响变电设备运行安全的重要因素。因此，研究变电站远方全景观测技术，提高变电设备远方运行监视水平，是保障变电设备运行安全的关键手段之一。

变电站远程全景观测技术可分为站端全景数据的统一采集、处理和分析，以及调度主站按需调阅方法和机制两方面。站端全景数据的统一采集、处理和分析是实现远方全景观测的基础，全景数据应包含变电站有人值班时运行监视相关的所有数据。随着智能变电站建设的深入发展，变电站全景数据将在站端实现统一采集和存储，但由于变电站全景数据量过大，还需要进一步研究站端一二次设备状态监测技术，对全景数据进行统一的分析和预处理，平常只传输设备运行状态分析结果信息至远方，而不是直接传输全部的全景数据。另一方面是研究设备故障时远方按需调阅变电站全景数据的方法。基于广域服务总线技术，研究变电站历史数据查询服务、远程画面浏览服务等各类支撑服务，支持远方按需调阅。

(5)电网分布式应用技术

电网分布式应用是一种新型的应用架构，可以解决由于信息分布造成的调度集中式应用性能和可用性问题，有效提高电网运行控制水平。相比于传统的调度集中式应用，电网分布式应用实现上更为复杂，需要重点研究分布式应用策略和主子站应用交互机制。

分布式应用策略需要统一设计才能发挥优势，要既能利用变电站的数据冗余性和快速处理能力，又能利用调度主站的全局性和经济性，形成主子站应用的互补，而不是简单的重复处理。例如，分布式状态估计，可以在变电站建立拓扑错误辨识服务，充分利用站内多源冗余的三相量测，快速辨识修正错误的开关位置遥信[37]，为调度状态估计提供正确的网络拓扑，从而提高全网状态估计结果的可信度和准确性。

基于分布式应用策略，电网分布式应用还要重点研究建立主子站应用交互机制，通过建立子站端应用服务，与调度主站应用通过广域服务总线实现协同。根据具体策略进行应用信息交互接口设计，如订阅发布接口、请求响应接口等。

(6)系统维护可视化技术

对变电站自动化系统实施在线可视化仿真调试技术研究，可加快设备调试和系统联调的进程。该技术的研究包括以下内容：GOOSE报文在线监听、GOOSE报文在线仿真、SV报文在线监听和可视化调试等。

为了检查二次装置是否发出了 GOOSE 报文以及报文的内容是否正确，需要对 GOOSE 报文进行在线监听。为提高调试的智能化水平，需要在解析报文的基础之上，根据模型数据，进行报文数据正确性的判断，并对错误数据给出提示，帮助调试人员快速查找错误。

有时在联调阶段会出现装置或调试仪器不能及时到位的情况，为了保证调试进度，可以利用计算机软件作为替代，模拟装置发送 GOOSE 报文。若是基于模型数据，则调试人员可根据调试需要，方便地设定需要仿真的若干装置所发送的报文内容。

在对 SV9-2 报文进行监听时，由于缺乏与模型数据等实际调试情况的关联性研究，现有计算机软件分析 SV9-2 报文的结果不够直观。为了更有利于调试人员观察数据，可以在解析报文的基础之上，结合模型数据和调试设置，显示报文数据，包括各个被监听通道的幅值、相位差、品质等信息。

为了方便调试人员对新型二次设备和系统进行调试操作，利于观察调试过程和结果，需要将可视化技术运用在仿真调试之中，让调试人员能够方便地启动调试、实时观察数据，以及发现调试过程中出现的异常情况，最终达到仿真调试操作步骤简单、各种显示效果简洁直观、功能实用的效果。

七、结语

(1)随着智能电网建设和研究的推进，通信与信息技术在电力系统中的应用范围将不断扩大，电力系统已经从传统的电力设备网络发展成为融合通信网络、信息网络和电力网络的复杂综合网络体系，随着应用网络技术、开放协议、一次设备在线监测、变电站全景电力数据平台、电力信息接口标准等方面的发展，智能变电站应运而生。

(2)由于国情不同，世界各国对于智能变电站的发展理念、发展思路和发展规划存在差异。现阶段，国内智能变电站的发展重点在于电网的发展建设、安全可靠信息和技术创新，而欧洲国家智能变电站的发展重点在于经济高效和运行维护。

(3)虽然国内智能变电站借助系统性和集成性的优势取得了工程建设国际领先的优势，但在很多技术领域相比欧洲国家仍明显落后，如电子式互感器的稳定性和可靠性、高压设备的运行维护及 IEC 61850 标准的制定等，相关核心技术也仍由国外掌握，智能变电站发展建设的关键标准都由欧美国家提出并主导，中国仍然处于跟踪引进、消化吸收的状态。但由于国内大量的工程建设为技术的应用提供了验证平台，在积累丰富经验的同时也发现了国际标准存在的问题。由于国际标准还在不断地制定和完善，中国可以以此为契机，积极参与国际标准的修订和完善，逐步提高自身的国际影响力。同时，国内智能变电站的工程建设在设备研制、检测调试、运行维护等方面积累了丰富的经验，可以以此为契机积极参与国际学术组织的技术交流，积极宣传国内智能变电站发展建设的成果，积极开展检测调试、运行维护等领域相关国际标准的制定，逐步提高中国在国际上的话语权。

参考文献

[1] 赵俊华，文福拴，薛禹胜，等. 电力CPS的架构及其实现技术与挑战[J]. 电力系统自动化，2010(16)：1-7.

[2] 刘东，盛万兴，王云，等. 电网信息物理系统的关键技术及其进展[J]. 中国电机工程学报，2015(14)：3522-3531.

[3] 马钊，周孝信，尚宇炜，等. 未来配电系统形态及发展趋势[J]. 中国电机工程学报，2015(6)：1289-1298.

[4] Rajkumar R, Lee I, Sha L, et al. Cyber-physical system: The next computing revolution[C]. Proceedings of the 47th ACM/IEEE Design Automation Conference, Anaheim, CA, 2010: 731-736.

[5] 韩宇奇，郭嘉，郭创新，等. 考虑软件失效的信息物理融合电力系统智能变电站安全风险评估[J]. 中国电机工程学报，2016(6)：1500-1508.

[6] 刘东，陈云辉，黄玉辉，等. 主动配电网的分层能量管理与协调控制[J]. 中国电机工程学报，2014(31)：5500-5506.

[7] Dorsch N, Kurtz F, Georg H, et al. Software-defined networking for smart grid communications: Applications, challenges and advantages[C]. 2014 IEEE International Conference on Smart Grid Communications (SmartGridComm), Venice, Italy, 2014: 422-427.

[8] Rinaldi S, Ferrari P, Brandao D, et al. Software defined networking applied to the heterogeneous infrastructure of smart grid[C]. 2015 IEEE World Conference on Factory Communication Systems (WFCS), Palma de Mallorca, Spain, 2015: 1-4.

[9] Zhang J, Seet B C, Lie T T, et al. Opportunities for software-defined networking in smart grid [C]. 2013 9th International Conference on Information, Communications & Signal Processing, Taiwan, China, 2013: 1-5.

[10] 王继东，杨羽昊，周越，等. 家庭智能用电系统建模及优化策略分析[J]. 电力系统及其自动化学报，2014，26(11)：63-66，71.

[11] 肖世杰. 构建中国智能电网技术思考[J]. 电力系统自动化，2009(9)：1-4.

[12] 胡学浩. 智能电网——未来电网的发展态势[J]. 电网技术，2009(14)：1-5.

[13] 王华龙. 智能变电站调控一体化改造方案研究[J]. 中国科技纵横，2020(12)：187-188.

[14] 林海锋. 智能变电站的线路保护测控装置的应用设计[D]. 济南：山东大学，2013：1.

[15] 国家电网公司. 智能变电站继电保护技术规范(Q/GDW 441—2010)[S]. 2010.

[16] 王风光，张祖丽，张艳. 分布式母线保护在智能变电站中的应用[J]. 江苏电机工程，2012(2)：37-39，43.

[17] 樊陈，倪益民，申洪，等. 中欧智能变电站发展的对比分析[J]. 电力系统自动化，2015(16)：1-7，15.

[18] 任雁铭，操丰梅. IEC 61850新动向和新应用[J]. 电力系统自动化，2013(2)：1-6.

[19] 任雁铭，操丰梅，张军. IEC 61850 Ed 2.0技术分析[J]. 电力系统自动化，2013(3)：1-5，53.

[20] 黄文华，李勇. IEC 61850标准的技术及应用研究[J]. 现代电子技术，2010(21)：93-95，103.

[21] 李强. IEC 60870数据向IEC 61850信息转换的研究[D]. 保定：华北电力大学(河北)，2008：2.

[22] 巨健. IEC60870-5-103规约向IEC61850转换的研究与实现[D]：西安：西安理工大学，2011：11.

[23] 樊陈,倪益民,窦仁辉,等.智能变电站过程层组网方案分析[J].电力系统自动化,2011(18):67-71.

[24] 樊陈,倪益民,窦仁晖,等.智能变电站一体化监控系统有关规范解读[J].电力系统自动化,2012(19):1-5.

[25] 常康,薛峰,杨卫东.中国智能电网基本特征及其技术进展评述[J].电力系统自动化,2009(17):10-15.

[26] 姚建国,赖业宁.智能电网的本质动因和技术需求[J].电力系统自动化,2010(2):1-4,28.

[27] 李威,丁杰,姚建国.智能电网发展形态探讨[J].电力系统自动化,2010(2):24-28.

[28] 中国国家标准化管理委员会.智能变电站技术导则(GB/T 30155—2013)[S].2013.

[29] 熊剑,刘陈鑫,邓烽.智能变电站集中式保护测控装置[J].电力系统自动化,2013(12):100-103.

[30] 倪益民,杨宇,樊陈,等.智能变电站二次设备集成方案讨论[J].电力系统自动化,2014(3):194-199.

[31] 杨志宏,周斌,张海滨,等.智能变电站自动化系统新方案的探讨[J].电力系统自动化,2016(14):1-7.

[32] 王海峰,丁杰,徐伟.数字化变电站中双网控制策略[J].电力系统自动化,2009(8):48-50,67.

[33] 胡道徐,李广华.IEC 61850 通信冗余实施方案[J].电力系统自动化,2007(8):100-103.

[35] 国家能源局.智能变电站监控系统技术规范(DL/T 1403—2015)[S].2015.

[36] 万书鹏,雷宝龙,翟明玉.调度与变电站一体化系统链路状态监测与 TCP 通信方案[J].电力系统自动化,2014(1):92-96.

[37] 张婷,翟明玉,张海滨,等.基于不确定性推理的变电站拓扑错误辨识[J].电力系统自动化,2014(6):49-54.

专题七:储能电站

近年来储能电站已成为配电网调峰填谷、提高系统稳定性及实现需求侧管理的有效手段。[1]但伴随着储能技术的飞速发展,越来越多的问题暴露出来,如储能电站不同接入点及接入容量对配电网原有继电保护的影响,对调峰填谷、系统稳定性等的效果等方面都值得电力系统工作人员重视与展开进一步研究。[2]

当不同容量的储能电站接入配电网络不同的节点时,原来简单的单电源辐射网络变成复杂的多电源网络,可能会导致原有保护出现灵敏度降低、拒动及误动等问题,由此给配电网的运行和控制带来多方面的影响。[3]储能电站与一般的分布式电源不同,其有三种运行状态:放电、充电和备用状态,因此,配电网的继电保护不能简单地将修改保护定值作为应对储能电站接入的方法,而应根据保护的特性进行优化协调,在储能电站选址定容时进行适当的规划,以减小对配电网原有保护的影响,使原有保护不至于失效。[4-8]

一、基于案例的储能电站技术及趋势

储能电站由电池、储能变流器(Power Conversion System,PCS)、电池管理系统(Battery Management System,BMS)及监控系统(含电网应用策略)等关键设备组成,主要功能为削峰填谷,并具有调频、调压、孤岛运行等多种功能。

根据电能转化形式和技术成熟性,储能电站的储能技术主要分为四类:机械储能、电磁储能、电化学储能、相变储能,其细分技术见图7.1。以下结合已投运的储能电站,对几类核心储能技术的技术成熟度、工程成熟度和应用条件进行分析。[9]

(一)抽水蓄能

抽水蓄能属于成熟技术,对地理条件要求较高。浙江目前已投运天荒坪、桐柏、仙居及溪口抽水蓄能电站,总装机容量4580MW;正在建设的长龙山、宁海及缙云抽水蓄能电站,总装机容量5500MW;纳入规划的有衢江、磐安、天台、桐庐等抽水蓄能电站。具有较多较好站址的抽水蓄能电站,成为浙江电网的特色。如何发挥抽水蓄能电站在浙江电网的储能优势,是一个值得研究的问题。

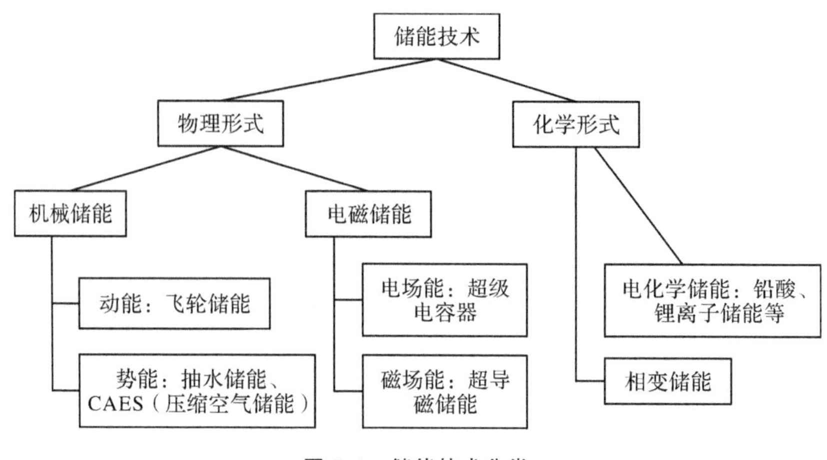

图 7.1 储能技术分类

(二)压缩空气储能

压缩空气储能,是指在电网负荷低谷期将电能用于压缩空气,在电网负荷高峰期释放压缩空气推动膨胀机发电的储能方式。[10]目前,全球较著名的两座大规模商用压缩空气(Compressed Air Energy Storage,CAES)储能电站分别是德国 Huntorf 电站(功率为 290 MW)和美国阿拉巴马州的 McIntosh 电站(功率为 110 MW)。除传统压缩空气储能技术外,国内外学者还开展了多种先进压缩空气储能系统的研究[11],包括蓄热式压缩空气储能、液化空气储能、超临界空气储能等。虽然压缩空气储能系统具有规模大、寿命长等诸多优点,但压缩空气储能系统能否大规模推广应用,主要取决于其技术经济性。

目前针对压缩空气储能技术的经济性研究较少。国外的研究主要集中在压缩空气储能与风电在不同集成方式下的经济可行性[12]、不同应用条件下储能电站的经济容量优化[13]以及储能系统参数对整个系统经济运行的影响方面;国内的研究主要集中在对传统压缩空气储能系统的综合经济效益方面,包括容量效益、能量转换效益和环保效益。

压缩空气储能电站主要利用报废矿井、洞穴、海底储气罐、新建储气井等可重新利用的空间,基本不受地理条件限制,且因为空气不会燃烧,安全系数较高,寿命较长,但其能量密度低,投资成本相对较高。[14]2013 年河北廊坊建成国内首套 1.5MW 蓄热式压缩空气储能示范系统。2016 年,贵州毕节建成国际首套 10MW 示范系统,效率达 60.2%,是全球目前效率最高的 CAES 系统。

(三)电化学储能

电化学储能电站通过化学反应进行电池正负极的充电和放电,实现能量转换。传统电池技术以铅酸电池为代表,由于其对环境危害较大,已逐渐被锂离子、钠硫等性能更高、更安全环保的电池所替代。[15]

电化学储能的响应速度较快,基本不受外部条件干扰,但投资成本高、使用寿命有限，且单体容量有限。随着技术手段的不断发展，电化学储能正越来越广泛地应用到各个领域，尤其是电动汽车和电力系统中。2011年投产的河北张北风光储示范工程，单站储能总容量首次达到50MW，且包含多种电池形态，如磷酸铁锂电池（14MW/63MWh）、液流电池（2MW/8MWh）、钛酸锂电池（1MW/500kWh）、铅酸电池（2MW/12MWh）。

（四）超级电容储能

超级电容是一种介于传统电容器和充电电池之间的新型储能装置，具有灵活快速的充放电特性。[16]超级电容储能的应用目前仍处于探索阶段，2017年国电北镇储能型风电场投运了美国Maxwell公司的1MW×2min超级电容储能项目，可有效提高风电场的可调、可控、可计划能力，是国内最早的试点工程。

二、储能电站的分类

一般将储能电站或按其在电网中接入位置分为集中式和分布式两类，或按其运行特征分为能量型和功率型两类。

（一）按在电网接入位置划分

（1）集中式接入是指储能电站接入输电网络，它对电力系统主网运行管理和协调调度产生影响。集中式储能电站，一般布置或接入35kV及以上高压变电站的10kV母线。如江苏镇江东部地区（镇江新区、丹阳、扬中）的8个电化学储能电站示范工程，最小单站容量为5MW/10MWh，最大单站容量为24MW/48MWh，总容量为101MW/202MWh，总投资7.2亿元，实现了毫秒级响应，是目前全球功能最全面的储能电站。

（2）分布式接入是指储能电站以较小容量接入配电网、微电网或用户侧，它仅对本地能源的生产和消费产生影响。分布式储能系统的推广，可与就地高渗透率的可再生能源互补，在解决风电、光伏出力的不确定性和高波动率上效果显著。主要应用的储能技术大多是电化学储能，如深圳宝清储能电站、浙江南麂岛微网示范工程等。江苏镇江用户侧储能项目已建和在建项目22个，总容量67.50MW/518MWh，总投资近10亿元，会同集中式储能电站建设，江苏镇江电网已成为储能的应用先进区域。

（3）集中式和分布式两种接入方式，在市场模式和调度运行等方面存在较大差异，因此其储能规划评估也存在不同：集中式接入方式下，储能系统可以提供备用，减小输电堵塞，实现“削峰填谷”，进行广域能量管理，提高系统运行的经济性；分布式接入方式下，储能多采用选址不受限的电池储能，其主要用于减少配电网运行成本，促进风电、光伏消纳及延缓电网升级改造等。两种接入方式下的储能规划目标均主要包括系统运行成本与储能投资总成本最小、储能净收益最大。但两种接入方式下储能的成本、收益构成存在一定差异。[17]

(二)按储能的运行特征划分

功率型电站通常需要在相对较短的时间内(几秒到几分钟)实现高功率输出,适合功率型的储能技术包括超级电容器、超导磁和飞轮储能等。功率型储能形成优质、可靠的毫秒级控制响应资源,为电网提供调峰、调频、备用、事故应急响应等多种服务,从而满足可再生能源消纳、电网安全灵活运行的迫切要求,推动加快大规模源网荷储友好互动。

能量型电站则具有大容量存储的特性,通常能够进行几分钟到几小时的持续性放电,适合能量型的储能技术主要包括 CAES、抽水蓄能和大部分电池储能等。[18]

显然,以上两类分类方法对于具体的储能电站而言相对粗放,没有刻画出日益形成的新能源电力系统对储能电站多方面的需求特性,不能反映储能电站在电力生产、传输、消费全过程中的特殊地位、功能以及商业价值。

三、储能电站并网测试技术内容

根据储能电站并网测试规范[19-22]及测试时储能电站的运行条件,并网测试可分为检测与试验两部分。检测类项目在储能电站并网条件下进行,试验类项目在储能电站离网条件下进行。[23]

(一)检测指标及测试内容

正常并网运行条件下需要对储能电站进行相关项目检测。检测内容包括储能电站容量、额定功率充放电时间、额定功率充放电响应时间及转换时间、能效特性、自放电率、动态响应检测和电能质量检测。储能电站容量、额定功率充放电响应及转换时间、能效特性等测试均在储能电站额定功率充放电条件下进行。额定功率充放电响应时间为充放电功率从额定功率 10%以阶跃模式转换为额定功率 90%的响应时间,充放电转换时间为额定功率 90%充(放)电以阶跃模式转换为额定功率 90%放(充)电的平均时间。能效特性即放电时输出能量与此前充电时输入能量之比。自放电率是指储能电站在满充状态下,单位时间内自放电损失电量与满充电量之比。动态响应检测是指启停和充放电切换时储能电站响应时间、并网点电能质量及功率变化曲线测试。电能质量检测在储能电站并网正常运行状态下进行,检测内容包括:实时运行工况下基本电量、电能质量参数、波形及谐波信息等。基本电量有电压、电流、频率、功率等;电能质量参数包括电压偏差、频率偏差、电压/电流不平衡度、电压波动及闪变、谐波与间谐波、总谐波畸变率和直流分量等。

(二)试验指标及测试方法

(1)耐压特性试验

储能电站离网状态下,在主电路与地之间运用耐压试验仪,对储能电站装置及回路耐压水平进行耐压试验。耐压测试仪的试验电压为50Hz正弦波,电压等级根据储能变流器额定电压选取,持续时间为1分钟。试验结束后记录试验结果。

(2)电网适应性能力试验

根据国家电网公司相关企业标准,储能电站应对电网侧电压或频率规定范围内的变化具有耐受性。试验时,调节模拟电网侧电压幅值或频率,使之在规定的范围内变动,在最大值和最小值的持续时间不小于1分钟时,并网储能电站应能正常运行。当电网侧电压或频率变化超出一定范围时,并网储能电站应根据要求对电压异常或频率异常做出响应,其离网响应时间应满足标准要求。电网适应性能力测试原理见图7.2。

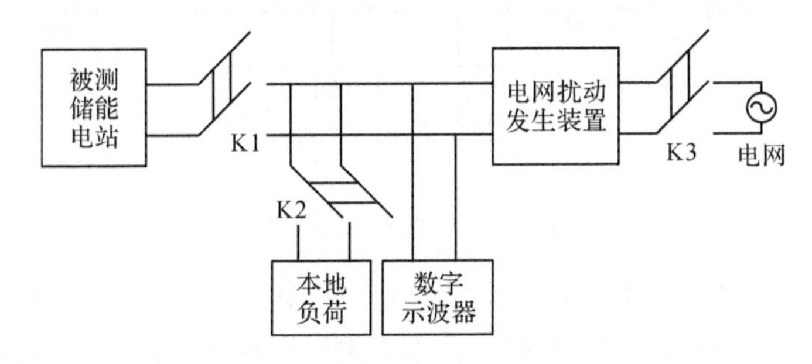

图7.2 电网适应性能力测试

电网扰动发生装置可模拟电网电压频率特性,同时将储能电站输出功率馈入电网。试验时,断开K3,闭合K1和K2,储能电站处于离网运行状态。由电网扰动发生装置向储能电站发送电压频率信号,并通过数字示波器记录储能电站响应时间及响应曲线等。

当储能电站容量较大(≥200kW)并接入10~35kV配电网时,应具有一定的耐受电网频率异常的能力,满足电网公司相关规范。储能电站并网点电压异常时,保护设备应能检测到异常并快速响应不同状况,实现储能电站电压异常保护。电压异常响应保护离网时间要求见表7.1。

表7.1 储能电站电压异常响应时间要求

接入点电压 U	要求
(220/380V)	接入点电压 U(6kV~10/20kV)
$U < 0.5U_N$	最大分闸时间 ≤ 0.2s
$0.5U_N \leqslant U < 0.85U_N$	最大分闸时间 ≤ 2.0s
$0.85U_N \leqslant U < 1.1U_N$	正常充电或放电运行
$1.1U_N \leqslant U < 1.2U_N$	最大分闸时间 ≤ 2.0s
$1.2U_N \leqslant U$	最大分闸时间 ≤ 0.2s

注:U_N 为额定电压。

(3)低电压穿越与防孤岛保护试验

除了上述电压/频率异常响应测试外,还需考虑储能电站的孤岛效应。孤岛效应是指当配电网出现中断时,储能电站与本地负荷形成孤岛自给供电,这将给配电网用户端造成较大影响,严重时甚至威胁到电网维修人员的人身安全。因此,储能电站应具备防孤岛保护能力,当故障发生时,应在一定时间内停止储能电站对电网的供电。

当储能电站容量较大时,其并离网运行将对电网产生较大影响,应具备低电压穿越能力;反之,对于小型储能电站,其并离网变化对电网影响较小,应具备防孤岛保护能力。因此,大型储能电站应进行低电压穿越能力测试;小型储能电站应进行防孤岛保护能力测试。低电压穿越能力测试原理见图 7.3,大型储能电站低电压穿越能力应满足规程要求。

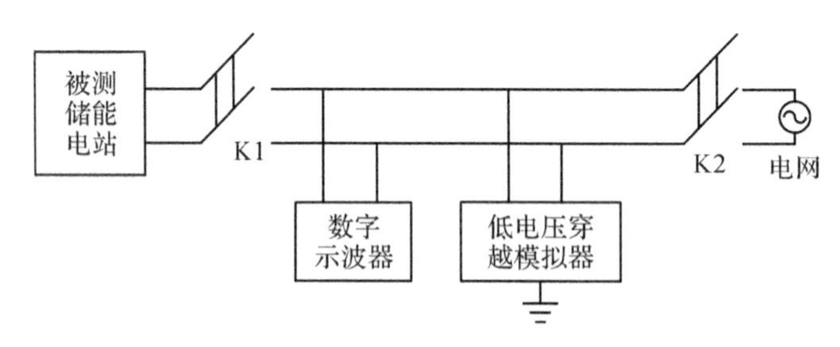

图 7.3 低电压穿越试验

低电压穿越模拟器模拟电压变化状态,包括三相对称电压跌落、相间电压跌落和单相电压跌落。低电压穿越测试包括空载测试与负载测试两种情况。测试时,选取 5 个电压跌落点,其中应包含 0 和 $0.2U_N$ 跌落点,其他各点应在 U_N 的 20%～50%、50%～75%、75%～90%这三个区间内有分布。由低电压穿越模拟器模拟电压变化,并从示波器中记录被测储能电站的电压、电流波形及有功、无功功率曲线等数据。具体测试步骤如下:

(1)闭合开关 K1 和 K2,储能电站处于热备用状态,进行空载测试。由模拟装置模拟电压跌落情况,并记录从电压跌落前 10s 到电压恢复后 6s 间被测储能电站相应测试结果。

(2)闭合开关 K1 和 K2,储能电站的输出功率保持在额定功率的 10%～90%之间,进行负载测试。由模拟装置模拟电压跌落情况,并记录从电压跌落前 10s 到电压恢复后 6s 间被测储能电站相应测试结果。

防孤岛保护能力测试原理见图 7.4,采用 RLC 并联阻抗回路进行测试。

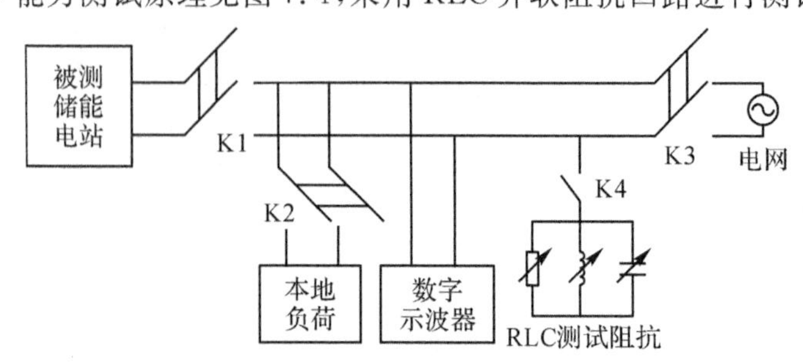

图 7.4 防孤岛保护能力测试

防孤岛保护能力测试的具体步骤如下。

①闭合开关K1、K2和K3，通过调节直流侧输入，使输出功率P_{Eut}等于交流额定输出功率，并测量输出无功功率Q_{Eut}。

②停机，断开K3。

③调节RLC电路，使频率因数$Q_f = 1.0 \pm 0.05$。

④闭合K4，接入RLC测试电路；闭合K3，启动储能电站，确认其输出符合步骤1的规定；调节RLC，直到流过K3的基频电流小于稳态时储能变流器额定输出电流的1%。

⑤断开K3，记录储能电站输出电流下降并维持在额定输出电流的1%以下的时间t。

⑥按以上步骤，根据储能电站测试规程规定，测试其不同功率输出情况下t的变化，并判断是否满足标准要求。

(4)保护特性试验

储能电站并网保护特性试验分为元件保护和系统保护两类。元件保护包括变压器、变流器及储能元件配置的保护装置，如欠压、过压保护和频率保护等。系统保护主要是指采用专线方式通过10～35kV电压等级接入电网的储能系统，此时系统宜配置光纤电流差动保护或方向保护。采用继电保护测试仪对储能电站各元件及系统配置的相关保护进行试验，并记录继电保护装置的动作数据，从可靠性、安全性、速动性、灵敏性四个方面对测试结果做出评价。

四、压缩空气储能系统案例分析

(一)先进蓄热式压缩空气储能系统

图7.5为中国科学院工程热物理研究所提出的先进蓄热式压缩空气储能系统的工作原理图。储电时，电动机带动多级间冷压缩机将空气压缩至高压，并将高压空气储存在储气室中，同时利用蓄热介质回收且储存压缩机的间冷热，蓄热器还可以储存外部热源(如太阳能、工业余热等)提供的热量；发电时，利用储存的间冷热和外部提供的热量加热各级膨胀机进口空气，然后驱动多级透平膨胀做功，并带动发电机发电。[24]

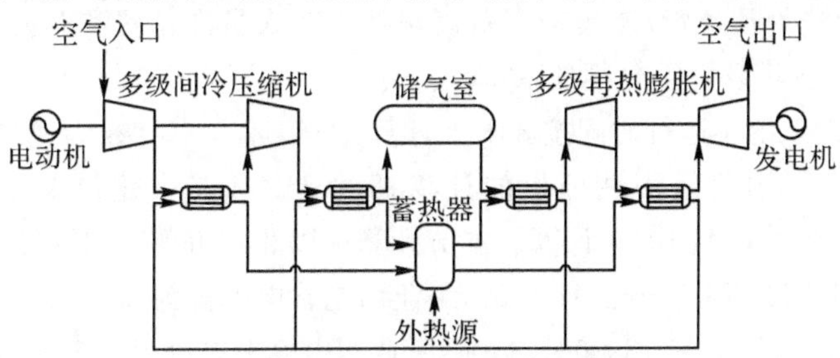

图7.5 先进蓄热式压缩空气储能系统

蓄热式压缩空气储能系统是传统压缩空气储能与蓄热储能的结合体,系统取消了燃烧室,利用储能时压缩机压缩过程中的压缩热或外部提供的热量,来加热释能时膨胀机入口的高压空气。由于取消了燃烧室,可实现无污染排放,也实现了系统在燃料不充足地方的应用。

中国科学院工程热物理研究所开展了10MW蓄热式压缩空气储能系统的研发与示范,该系统关键设备包括:多级间冷压缩机、多级再热透平膨胀机、各级压缩机冷却器、各级膨胀机再热器、蓄热器、储气室等。表7.2为10MW系统设计方案的关键性能参数。

表7.2 10MW蓄热式压缩空气储能系统性能参数

性能参数	数值
系统输出功率/MW	10
储电时间/放电时间比/$h \cdot h^{-1}$	8/8
系统效率/%	65
储气压力/放气压力/$bar \cdot bar^{-1}$	100/70
储气室容积/m^3	20813

(二)经济性分析

1.初始条件设定

随着我国电价机制的不断完善,峰谷电价差将不断加大,储能技术可用于耗电工业,利用峰谷电价差获得收益,同时也实现了电网的削峰填谷。本节主要分析10MW蓄热式压缩空气储能系统用于耗电工业的经济性。10MW蓄热式压缩空气储能系统设备总费用7300万元,由于该系统的储气室采用现有的地下盐洞等,所以其设备成本不包括储气室费用;安装工程费按设备投资的8%计算;工程建设其他费用包括土地费用、项目前期费、建设单位管理费、设计费、工程建设监理费、招标服务费、环评费、劳动安全评价费、施工图预算编制费、竣工图编制费、工程保险费、联合试运转费、工器具及生产用具购置费、工程质量监督费和安全生产费等,共计261.30万元;预备费包括基本预备费和涨价预备费,均以设备投资、安装工程费和工程建设其他费用之和为计费基数,其中基本预备费的费率为5%,不计涨价预备费;递延资产费用包括生产人员准备费和办公及生活家具购置费;流动资金按上述建设投资总额的8%计算。

压缩空气储能系统年运行时间按333天计算,即年运行小时数为储电2664小时/年,放电2664小时/年。项目经济性分析的计算期共26年,其中建设期1年,生产运营期25年,投产后生产负荷按照100%计算。本节计算中以北京市现行的峰谷电价制度为参考。北京市谷段电价时间为23:00—次日7:00,工业用电谷电电价为0.3818元/(kW·h);峰段电价时间为10:00—15:00和18:00—21:00,工业用电峰电电价为1.3222元/(kW·h)。

折旧与摊销的计算按照行业标准选取,机器设备折旧年限为15年,房屋折旧年限为

25 年,其他固定资产折旧年限为 15 年,无形资产摊销年限为 10 年,递延资产摊销年限为 5 年。所有折旧与摊销的净残值率取 5%,采用平均年限法计算设定年限内每年的折旧与摊销费用。经济性计算的基准收益率按《建设项目经济评价方法与参数》统一规定的 8%计算。

2. 经济性计算结果分析

利用上述财务分析模型,对 10MW 蓄热式压缩空气储能系统用于耗电工业进行了财务分析,表 7.3 为该系统的主要财务评价指标。

表 7.3 财务评价指标

序号	指标	数值(a)	数值(b)
1	总投资/万元	8711.8	8711.8
2	其中建设投资/万元	8577.8	8557.8
3	年均收入/万元·年$^{-1}$	3251.4	3685.2
4	年均总成本费用/万元·年$^{-1}$	1919.8	1588.7
5	年均利润总额/万元·年$^{-1}$	1305.4	2065.5
6	年均所得税/万元·年$^{-1}$	326.4	516.4
7	年均税后利润/万元·年$^{-1}$	979.1	1549.1
8	投资利税率/%	15.0	23.7
9	投资收益率(税后)/%	11.2	17.8
10	投资收益率(税前)/%	15.0	23.7
11	内部收益率(税后)/%	16.3	23.8
12	内部收益率(税前)/%	20.1	29.8
13	静态投资回收期(税后)/年	7.0	5.2
14	静态投资回收期(税前)/年	5.9	4.4
15	动态投资回收期(税后)/年	9.2	6.2
16	动态投资回收期(税前)/年	7.3	5.0
17	财务净现值(税后)/万元	6206.3	12310.2
18	财务净现值(税前)/万元	9463.7	17602.2

由于现阶段我国没有出台专门针对压缩空气储能系统的补贴政策,因此参考抽水蓄能电站的最新补贴政策,进行有无补贴两种条件下的经济性计算。表 7.3 中的数值(a)表示在没有任何政策补贴的情况下,电站财务评价的计算结果;数值(b)表示在计入电站容量电价 470/(kW·年)和购入电价为燃煤机组标杆上网电价 75%的条件下,进行财务分析的计算结果。

通过财务评价可知,在没有计入电站容量电价的条件下,建设 10MW 蓄热式压缩空气储能电站的项目总投资为8711.8万元，其中建设投资为8557.8万元，占总投资的比例为98.23%。电站在计算期内的年均收入为3251.4万元，年均总成本费用为1919.8万元，年均利润总额为1305.4万元，年均所得税为326.4万元，年均税后利润为979.1万元。项目的税后投资利税率为15.0%，远高于电力行业的平均水平7.8%，可为国家税收做出较大贡献；税后投资收益率为11.2%，大于基准收益率8.0%，可为项目投资者带来较好的收益；税后内部收益率为16.3%，远大于基准收益率8.0%，投入资金具有较好的内部偿付能力；税后动态投资回收期为9.2年；税后净现值为6206.3万元，说明项目的资金利用情况较好。

在计入电站容量电价和购入电价为燃煤机组标杆上网电价75%的条件下，项目的年均收入与年均税后利润分别由3251.4万元和979.1万元增至3658.2万元和1549.1万元；投资利税率、投资收益和内部收益率的税后数值分别由15.0%、11.2%和16.3%增至23.7%、17.8%和23.8%；项目的税后动态投资回收期由9.2年降至6.2年；项目的税后净现值由6206.3万元增至12310.2万元。说明当执行补贴政策时，电站的各项经济指标均表现出更好的收益效果，表明政策扶持对开展压缩空气储能项目具有重要的作用。

(三)不确定性分析

1.盈亏平衡分析

盈亏平衡分析通过计算项目达产年主要经济指标的盈亏平衡点，分析项目成本与收入的平衡关系，进而判断项目对参数变化的适应能力和抗风险能力。本节将产量、销售收入、生产能力利用率和销售价格四个指标的盈亏平衡点作为盈亏平衡分析的主要指标，对此收益模式下的盈亏平衡能力进行分析。

表7.4为蓄热式压缩空气储能电站的盈亏平衡分析指标。

表7.4 盈亏平衡分析指标

指标	数值(a)	数值(b)
盈亏平衡产量/MWh·年$^{-1}$	9469.8	7980.6
盈亏平衡销售收入/万元·年$^{-1}$	1252.1	1055.2
盈亏平衡生产能力利用率/%	35.6	30.0
盈亏平衡销售价格/元·(kWh)$^{-1}$	0.86	0.72

盈亏平衡点是盈利与亏损的分界点在收入等于成本的平衡点，该点是不亏损情况下的收入下限或成本上限。盈亏平衡点越低，表明项目适应市场变化的能力越强，抗风险能力越大。

表7.4中数值(a)表示在没有任何政策补贴的情况下，进行电站盈亏平衡分析的计算结果；数值(b)表示在计入电站容量电价470/(kW·年)和购入电价为燃煤机组上网标

杆电价75%的条件下，进行盈亏平衡分析的计算结果。

由表7.4数值(a)可知，在没有任何政策补贴的条件下，采用单因素盈亏平衡分析的方法，即在其他计算参数不变的条件下，压缩空气储能电站的发电产量若低于9469.8MW·h/年，或销售收入低于1252.1万元/年，或生产能力利用率(即电站达产年份的生产负荷率)低于35.6%，或发电的销售价格低于0.86元/(kW·h)时，则项目无法获得收益；上述盈亏平衡指标等于平衡点数值时，项目收入与成本持平；当上述盈亏平衡指标高于平衡点数值时，项目可获得收益。在此计算模式下，10MW蓄热式压缩空气储能电站发电产量为26640MW·h/年，销售收入为3251.4万元/年，达产期生产负荷100%，发电销售价格为1.322元/(kW·h)，均高于所对应指标的盈亏平衡点数值，高出幅度分别达181.32%、159.68%、181.32%和54.22%，因此项目可获得较好的收益。由表7.4数值(b)可知，在计入容量电价和执行优惠上网标杆电价的条件下，项目的盈亏平衡指标均向具有更低风险的方向变化，即在施行上述补贴的情况下，压缩空气储能电站的抗风险能力更强，可获得更高收益的可能性更大。

2. 敏感性分析

对于敏感性的分析，选取10MW蓄热式压缩空气储能系统效率、储能电价、释能电价和年运行小时数为影响项目经济性的不确定因素，考察这些不确定因素发生变化时对项目经济性的影响，分析其敏感性，进而评估项目的风险。

下面将通过逐项替换法将不确定因素在−40%～40%的变化范围内，以每隔10%的变化幅度对评价指标的变化幅度进行计算，得到不确定因素在此范围内的敏感性分析趋势。图7.6为敏感性趋势分析曲线，图中给出了以系统效率、储能电价、释能电价和年运行小时数为不确定因素时，评价指标变化幅度和指标数值的变化趋势。

由图7.6可知，选取的不确定因素(系统效率、储能电价、释能电价和年运行小时数)在选定范围内变化时，主要评价指标(税后投资收益率、税后内部收益率、税后动态投资回收期和财务净现值)分别对不确定因素的变化呈现单调变化。系统效率越高，或储能电价越低，或释能电价越高，或年运行小时数越大时，评价指标均向收益增大的方向变化。整体上，选取的评价指标中，对不确定因素的敏感性从高到低依次为：税后动态投资回收期、财务净现值、税后投资收益率和税后内部收益率，说明当不确定因素发生同等变化时，税后动态投资回收期指标的变化最大，其次为财务净现值指标，变化最不明显的指标为税后内部收益率。从而表明，当选取不确定各因素作为风险评估因素时，税后动态投资回收期数值受到的影响最大。即当项目投资方所关注的指标为投资回收年限时，应着重考虑项目风险因素所带来的影响，选择各风险因素有利于指标变化的方向进行项目规划，尽可能地规避风险因素向不利方向变化，并着重考虑当各风险因素在其临界点附近变化时，项目主要评价指标的数值，确定项目的收益是否可以被接受。

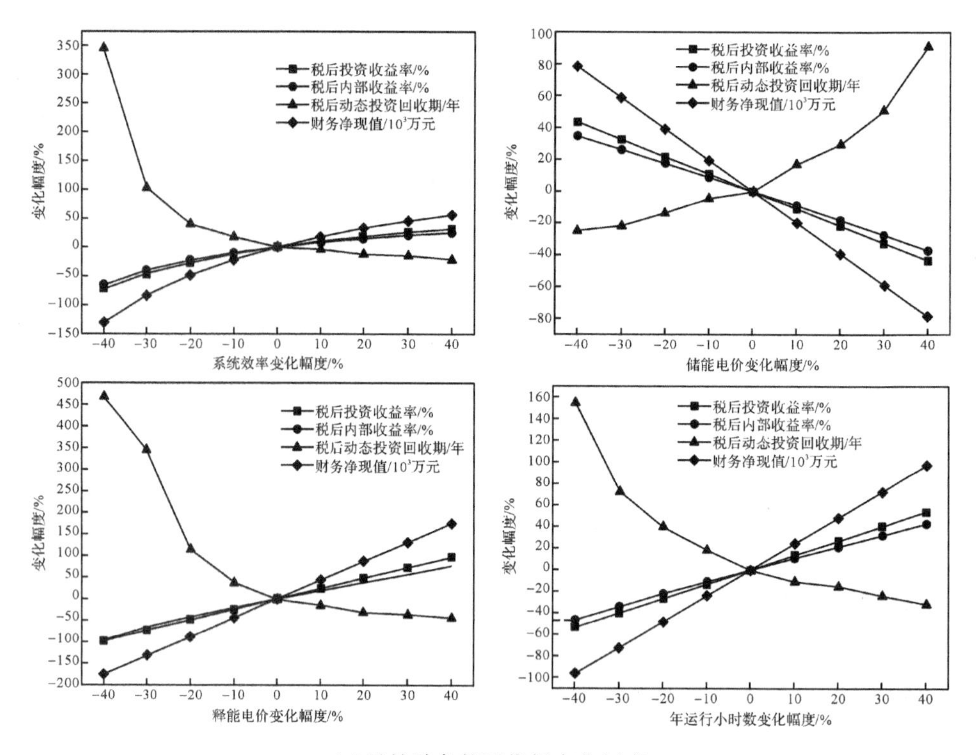

(a)无补贴条件下指标变化幅度

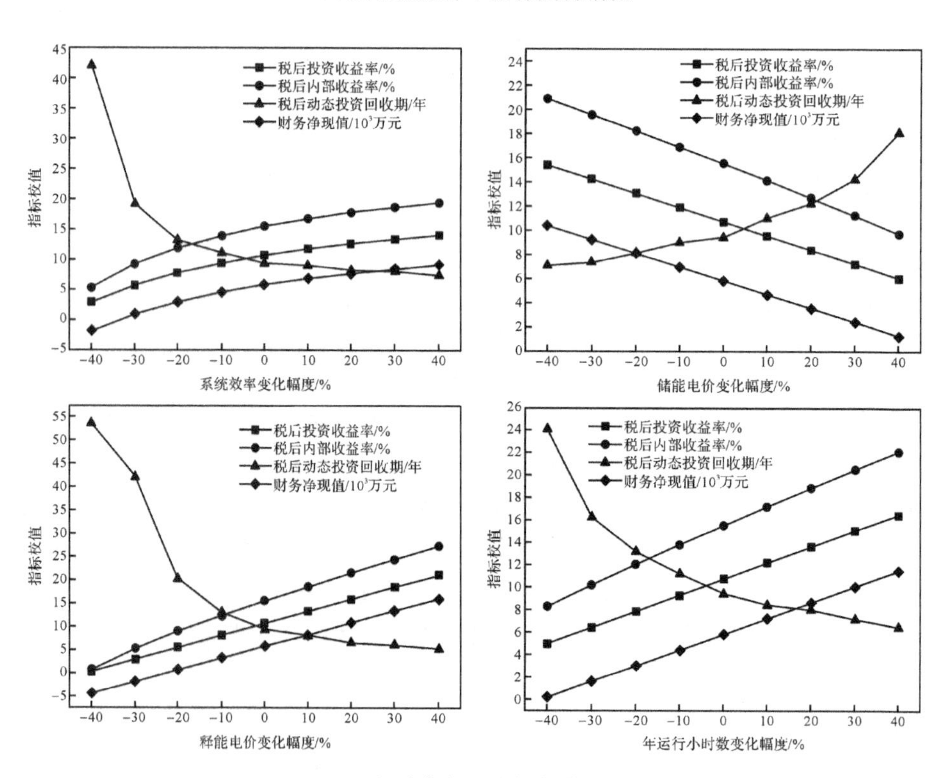

(b)无补贴条件下指标数值变化

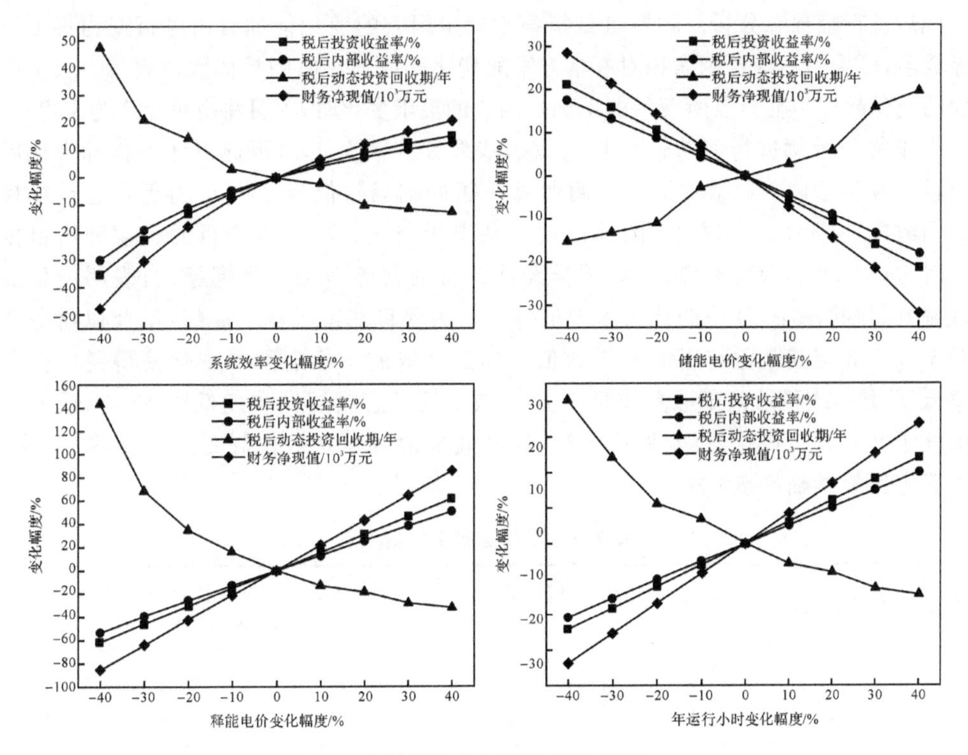

(c)有补贴条件下指标变化幅度

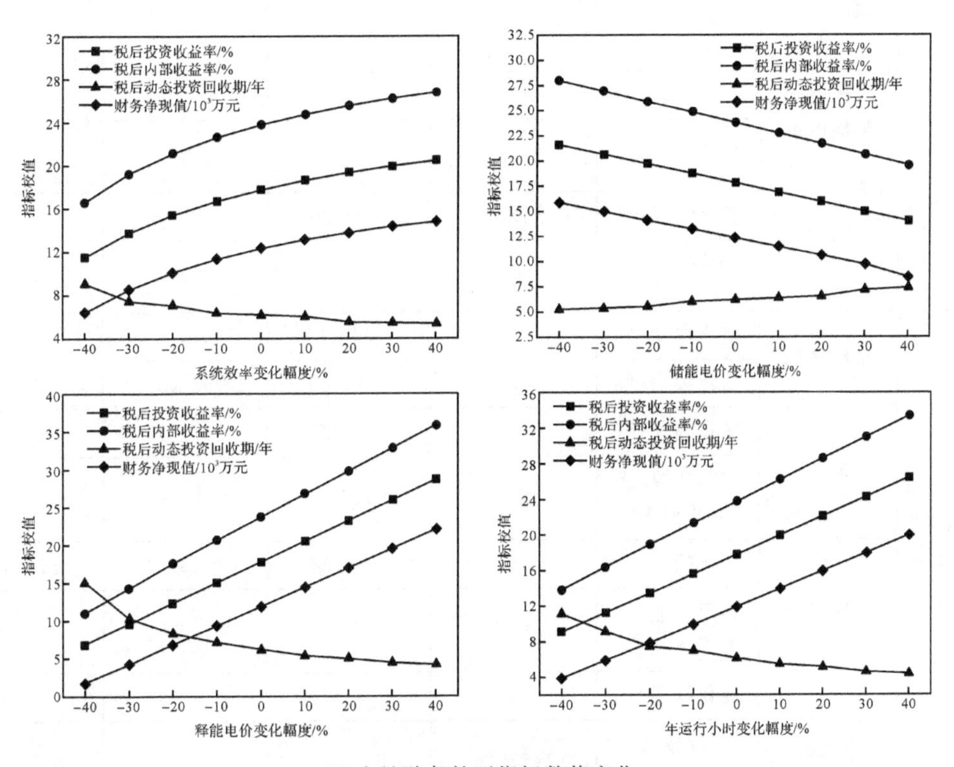

(d)有补贴条件下指标数值变化

图 7.6 敏感性趋势分析

此后进行临界点分析。临界点是指各不确定因素的变化使项目由可行变为不可行的临界数值,可采用不确定因素相对基本方案的变化率或其对应的具体数值表示。当不确定因素的变化超过了临界点所表示的不确定因素的极限变化时,项目将由可行变为不可行。

由于文中示例进行经济性计算选取的基准收益率为 8%,因此以评价指标为税后投资收益率和税后内部收益率界定项目收益与否的临界数值为 8%;电力行业建设项目的投资回收期一般为 10 年左右,因此以税后动态投资回收期评价项目的收益和项目投资风险时,选取 10 年为其临界数值;项目经济评价的财务净现值指标越大,表明项目的收益性越好,风险越小,且一般认为净现值等于 0 为项目获得收益的底线,因此以财务净现值等于 0 为界定其收益与否的临界数值。即当选取的不确定因素变化使得税后投资收益率低于 8%,或税后内部收益率低于 8%,或税后动态投资回收期低于 10 年,或财务净现值低于 0 时,项目由可行变为不可行,经济效果由可以获得收益变为无收益。[25]表7.5为不确定因素的临界点。

表 7.5 不确定因素的临界点

项目	不确定因素	临界点	税后投资收益率为 8%	税后内部收益率为 8%	税后动态投资回收期为 10 年	财务净现值为 0 万元
无补贴条件下临界点	系统效率	变化幅度/%	−20.05	−35.71	−3.12	−35.11
		实际数值/%	51.96	41.79	62.97	42.18
	储能电价	变化幅度/%	23.32	53.30	0.78	50.95
		实际数值/元 $(kW \cdot h)^{-1}$	0.471	0.585	0.385	0.576
	释能电价	变化幅度/%	−10.46	−21.36	−1.66	−22.87
		实际数值/元 $(kW \cdot h)^{-1}$	1.184	1.040	1.300	1.020
	年运行小时数	变化幅度/%	−18.99	−42.96	−2.68	−41.48
		实际数值/ $h \cdot 年^{-1}$	2158	1519	2593	1559
有补贴条件下临界点	系统效率	变化幅度/%	−79.65	−116.37	−48.60	−109.65
		实际数值/%	13.23	−10.65	33.45	−6.27
	储能电价	变化幅度/%	103.55	149.37	62.07	134.95
		实际数值/元 $(kW \cdot h)^{-1}$	0.60	0.72	0.48	0.69
	释能电价	变化幅度/%	−35.82	−50.68	−28.14	−46.80
		实际数值/元 $(kW \cdot h)^{-1}$	0.85	0.65	0.95	0.70
	年运行小时数	变化幅度/%	−45.298	−64.6746	−37.17	−59.171
		实际数值/ $h \cdot 年^{-1}$	1457.26	941.07	1673.6	1087.7

由表 7.5 可知,当评价指标选取上述数值为收益与否的临界数值时,可得到各不确定因素的变化幅度临界点和实际数值的临界点,且各评价指标中税后动态投资回收期对各不确定因素的临界点的要求较高,即不确定因素变化较小的幅度即可能对评价指标的浮动造成相对较大的影响。在无补贴的条件下,当系统效率、储能电价、释能电价和年运行小时数分别浮动至−3.12%以下、0.78%以上、−1.66%以下和−2.68%以下时,项目的税后动态投资回收期将长于 10 年;在有补贴的条件下,当系统效率、储能电价、释能电价和年运行小时数分别浮动至−48.60%以下、62.07%以上、−28.14%以下和−37.17%以下时,项目的税后动态投资回收期将长于 10 年。从而说明,与无补贴的计算条件相比,在有补贴的条件下,项目主要评价指标对不确定因素的临界点变化幅度绝对值均有不同程度的增加,即执行补贴政策对项目的抗风险能力的提高具有重要作用。

这里将不确定因素在−40%～40%的变化范围内得到的评价指标变化幅度的均值作为计算敏感度系数的基础数据进行计算,得到各评价指标对各不确定因素的敏感度系数具体数值。表 7.6 为各评价因素对不确定因素的敏感度系数均值。

表 7.6 敏感度系数均值

条件	不确定因素	税后投资收益率	税后内部收益率	税后动态投资回收期	财务净现值
无补贴条件下敏感度系数均值	系统效率	1.18	0.99	−2.24	2.13
	储能电价	−1.09	−0.90	1.20	−1.96
	释能电价	2.43	2.05	−4.74	4.37
	年运行小时数	1.34	1.10	−1.69	2.41
有补贴条件下敏感度系数均值	系统效率	0.58	0.48	−0.54	0.78
	储能电价	−0.53	−0.44	0.40	−0.73
	释能电价	1.54	1.29	−1.64	2.14
	年运行小时数	1.21	1.02	−1.20	1.69

由表 7.6 可知,项目各评价指标中税后投资收益率、税后内部收益率、财务净现值与不确定因素系统效率、释能电价、年运行小时数同方向变化,与储能电价反方向变化;税后动态投资回收期与储能电价同方向变化,与系统效率、释能电价、年运行小时数反方向变化。评价指标税后投资收益率、税后内部收益率、税后动态投资回收期和财务净现值均对释能电价的敏感度系数最高,在无补贴的条件下,分别为 2.43、2.05、−4.74 和 4.37;在有补贴的条件下,分别为 1.54、1.29、−1.64 和 2.14。从而说明当以上述评价指标作为衡量项目收益性的重要指标时,各不确定因素中最有可能成为高风险因素的为释能电价,且在计算补贴的条件下,评价指标对不确定因素的敏感程度有所下降,即执行补贴政策时,项目对预期风险的出现表现出更好的抵抗应对水平。

五、电池储能电站案例分析

2018年7月,江苏镇江东部百兆瓦级电池储能电站顺利并网运行,成为中国首个并网运行的百兆瓦级电池储能电站。[26]该储能电站采用分布式配置的方式,在镇江东部的丹阳、扬中以及镇江新区的8个地点选址建设储能电站,单站容量从5MW/10MW·h至24MW/48MW·h不等,总容量101MW/202MW·h。采用集中控制的方式,将8个储能电站整合起来,接入江苏电网"大规模源网荷友好互动系统"统一调控,为镇江电网提供调峰、调频、紧急备用等多种辅助服务。

江苏镇江电网侧储能电站对于电池储能在电网侧削峰填谷、平滑电网负荷等方面的应用具有标志性意义,为储能迈向商业化提供了重要实践依据。[27]本节重点从该储能电站运行与控制方面进行阐述,基于该储能电站分布式架构开展不同控制模式下的控制策略分析,并基于典型储能电站的运行数据进行性能分析,探索大规模电池储能电站在不同应用功能下的运行指标和性能。

(一)镇江储能电站的基本组成和特点

镇江百兆瓦级储能电站的总容量为101MW/202MW·h,由8个分布式储能电站组成,8个电站配置容量各不相同,但储能电站的系统组成、基本单元、预制舱规格以及内部结构基本相同,电站由电池舱、储能变流器(PCS)升压舱、汇流舱、静止无功发生器(SVG)舱以及总控舱等部分组成。电池舱为标准预制舱,内部配置有1MW/2MW·h电池组、电池管理系统(BMS)、汇流柜、消防及空调等设备设施。PCS升压舱内配置2台500kW储能变流器、1台升压变压器及1台就地监控设备。PCS将电池组的直流电转换成交流电,是储能系统的核心设备,用于实现储能电池与交流电网间的交直流变换和双向能量传递,可支持铅炭、锂离子电池、液流电池等多种类型电池的接入和通信。10kV汇流舱包含储能电站所需的所有开关柜及保护设备,包括进线柜、无功补偿柜、站用变柜、电压互感器柜、出线柜以及计量柜等。电池单元升压至10kV后全部接入汇流舱内的开关柜。每个分布式储能电站内一般配置2个SVG舱,包含2×(±2Mvar)SVG设备,能够快速、连续地提供容性或感性无功功率,具有提高电网稳定性、抑制谐波、平衡三相电网、降低损耗等作用。总控舱是储能电站的控制核心,包含站内全部二次组柜,如监控主机柜、远动通信设备柜、综合应用服务器柜、公用测控柜、时间同步系统柜等。储能电站监控与能量管理系统(Energy Management System,EMS)配置在总控舱内,负责采集储能电站信息并接收电网调度指令,通过判断电池工作状态进行能量管理,并根据调度指令协调储能系统出力。

电站采用"分散式布置、集中式控制"架构,分散式布置相比集中式布置有如下特点。

(1)占地面积小,可利用废弃或空闲场地建设,避免了集中式的大面积占用资源,有利于地区环境保护。

(2)分散式的布局可针对负荷情况,实现有功、无功容量的就地平衡,避免了远距离送电带来的安全隐患和经济成本;同时降低了电力线路上的传输损耗。

(3)分散式布局降低了建设难度,有效提高了储能电站的规划和建设速度。

(4)分散式布局提高了系统的可靠性,同时增加了系统的可扩展性,使得系统更加灵活。

但采用分散式的布置增加了控制的难度,调度部署相对复杂,需要将指令拆分后再下发到站,同时也对电站的响应时间提出了更高的要求。

(二)储能电站运行模式与控制

储能电站通过站控层网关与调度数据网连接,同省调、地调、互联电网安稳控制系统、营销系统连接,实现源网荷互动、自动发电控制(AGC)、一次调频、自动电压控制(AVC)等功能。其中,源网荷互动功能由江苏源网荷切负荷系统中的控制中心直接下发指令至储能站内负控终端;AGC 功能由江苏省调下发指令至站内 EMS 或由本地控制实现调节;一次调频由 PCS 就地监测调节;AVC 功能由地调下发指令至站内 EMS 实现。

1. 源网荷互动

源网荷切负荷互动是储能电站配合调度实现负荷紧急控制的功能[28],由储能电站通过控制 EMS 或 PCS 实现储能系统“充电转放电”或“待机备用转放电”的快速切换。利用储能系统快速放电能力,在减少储能充电负荷的同时,为电网提供额外的电源支撑。[29]

(1)源网荷切负荷系统

储能系统参与源网荷控制通过源—网—荷精准切负荷系统(简称源网荷系统)实现。源网荷系统由控制中心站、控制子站、就近变电站、负控终端组成。

控制中心站的主要功能是接收协控总站切负荷容量命令,结合频率防误判据,切除本地区负荷;就地判断低频,按层级切除负荷。

控制子站的主要功能是接收控制中心站切负荷层级命令,结合频率防误判据,切除对应层级负荷。

就近变电站主要安装光电转换装置,无扰动稳定控制装置,主要功能是接收控制子站并向负控终端发送切负荷命令。

负控终端安装在储能站侧,主要功能是接收就近变电站光电转换装置发来的切负荷命令,并通过以太网口发送至网荷互动终端;网荷互动终端的主要功能是统计本终端可切负荷总量并上送至对应控制子站,并执行切负荷命令。

(2)源网荷控制策略

控制过程包括切负荷控制策略和允许恢复负荷控制策略。

· 切负荷控制策略

①主站发送切负荷控制指令到互动终端,终端收到紧急指令后,立即通过硬接点向各 PCS 发送切负荷开出命令。

②PCS 接到终端紧急控制指令后,实现变流器放电反转,向电网满发出力(最大功率)。

③为确保储能系统工作,终端同时通过通信向 EMS 发送紧急切负荷指令。

④EMS 接到终端紧急控制指令(比前者稍慢),根据储能设备电池状况、储能容量,并根据源网荷所需支撑设定 EMS 延时,使储能系统以经济运行方式出力。

· 恢复负荷控制策略

①主站下发"允许恢复负荷指令"(故障后几分钟或稍长时间),终端接收到指令后发送给 EMS。

②EMS 接到恢复负荷指令,恢复 EMS 正常工作逻辑运行,控制 PCS 停止放电,不再向电网倒送电。

③EMS 控制 PCS 转充电或转热备运行。

源网荷系统控制架构如图 7.7 所示,采用硬接点(开关量)和串口通信两路指令同时下发的策略,调度中心通过光纤传输下达至网荷互动终端,经硬接点直接下发至 PCS 设备,同时经串口通信下发至 EMS,PCS 先接到指令并立即执行满功率输出,EMS 接到指令后通过综合判断储能电站运行状态后接管控制权,向 PCS 下发功率指令,使电站以经济方式运行。这种控制方式使调度指令由华东协控总站下发至储能电站的时间控制在毫秒级,最大限度地缩短响应时间,储能系统可在 200ms 内响应调度紧急控制指令,并实现满功率输出。

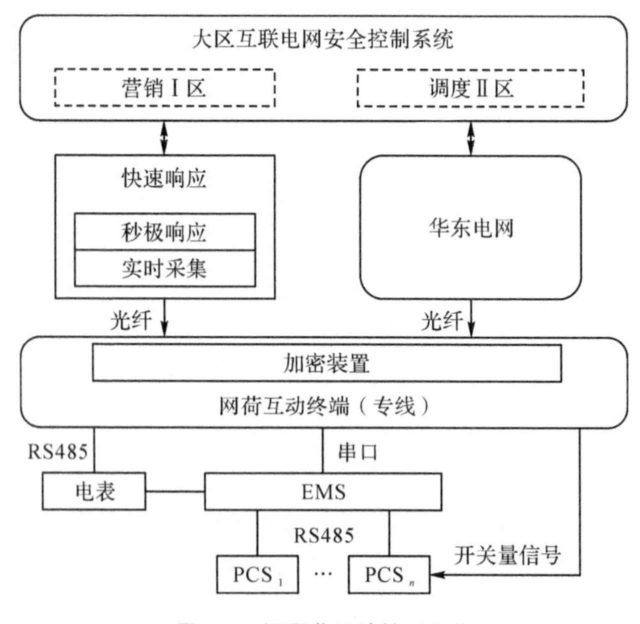

图 7.7 源网荷系统控制架构

2. AGC

电网 AGC 调节的主要目标是在保证电网频率质量和区域间功率交换计划的前提下按最优分配的原则协调出力。[30]储能系统可以设置本地控制模式,或通过响应上级调度的AGC指令,参与电网调频服务。EMS可根据调度AGC调节指令结合站端各储能单元当前状态实时生成站端AGC控制命令,在实现调度AGC指令跟踪的同时有效保护电池运行安全。

储能系统接收调度指令参与AGC调节的过程如图7.8所示,由调度主站、调度数据网和储能电站监控系统组成。储能电站监控系统的有功功率控制模式包括调度指令控制、AGC控制、日前计划控制及本地自行控制,优先级从高到低依次为调度指令控制、AGC控制、日前计划控制及本地自行控制。

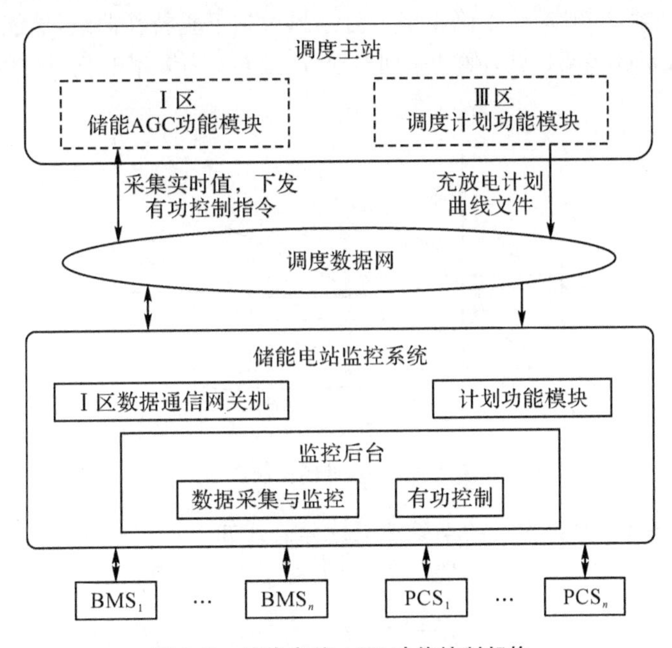

图7.8 储能电站AGC功能控制架构

调度主站侧储能AGC功能模块运行于智能电网调度控制系统,实时计算各储能电站的有功出力设定值,并下发至接入AGC控制的储能电站。接入AGC控制的储能电站由数据通信网关机与调度机构通信,上传AGC控制相关的实时信息,接收调度主站下发的有功控制指令。储能电站监控系统根据控制模式和储能电站运行情况,合理分配输出功率值并发送至PCS执行。

调度主站Ⅰ区为储能AGC功能模块,通过调度员下发充放电功率指令对各分布式储能电站进行直接控制。该系统通过收集各储能站上传的可用功率及荷电状态(State of Charge,SOC)信息,实时告知调度员每一时刻储能可用功率,以及该可用功率下的可用时间。当各站SOC情况不同时以图表形式告知。

调度主站Ⅲ区为调度计划功能模块,通过每日8:00读取当日的负荷预测数据后,给出未来24小时的建议储能调度曲线,调度根据该曲线与实际情况给储能下达调度指令。

3. 一次调频

储能电站参与一次调频是当储能系统检测到并网点频率异常,主动做出功率调整,使频率恢复到正常范围内的功能。当电网供电大于负荷需求,系统频率上升时,储能系统从电网吸收电能；当电网供电小于负荷需求，系统频率下降时，储能系统释放电能至电网。一次调频对系统的响应速率要求较高，储能系统要求在400ms内达到频率调节目标值，因此由站内PCS设备就地实现。PCS具备频率采集功能，通过下垂控制实现，将调频死区、下垂系数等参数内嵌至PCS控制系统中，当检测到系统频率发生变化时，能够迅速实现功率响应。

储能辅助电网一次调频的控制原理如图7.9所示。设储能系统充电功率为正，放电功率为负。当负荷增加，负荷功频特性曲线由$L_1(f)$移至$L_2(f)$，运行点由稳定运行点a移至b点，频率从额定频率f_n下降至f_1。此时，根据下垂特性曲线，储能系统放电，出力为P_E，运行点由b点移至c点，则频率回升至f_2。ΔP_{L0}为频率变化对应的功率变化量。

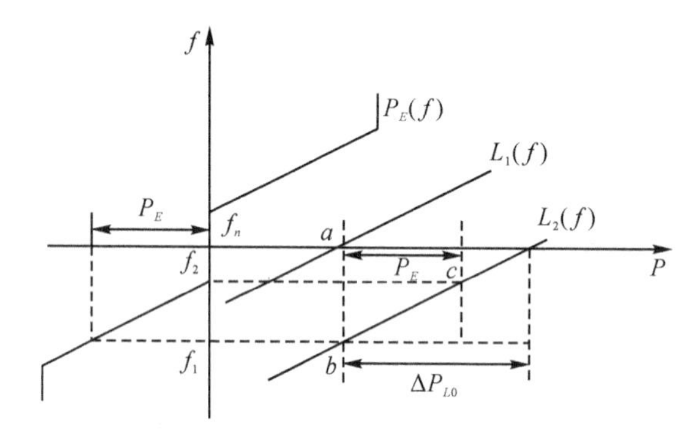

图7.9 一次调频控制原理

其中，PCS参与一次调频的功率参考值计算公式如下：

$$\Delta P_{dr}=\begin{cases}\Delta P_{max} & \Delta f\leqslant f_{min}-50\text{Hz}\\ -\dfrac{1}{R_{dr1}}\Delta f & f_{min}-50\text{Hz}\leqslant\Delta f\leqslant 0\\ \dfrac{1}{R_{dr1}}\Delta f & 0<\Delta f\leqslant f_{max}-50\text{Hz}\\ -\Delta P_{max} & \Delta f>f_{max}-50\text{Hz}\end{cases} \quad 7.1$$

式中，ΔP_{dr}为PCS参与一次调频的功率参考值；ΔP_{max}为PCS最大出力变化量；R_{dr1}为一次调频调节系数；Δf为系统频率偏差；f_{min}和f_{max}分别为系统允许的频率下限值和上限值。

PCS将功率变换成输出电压频率和幅值，然后依据调整后的功率与输出电压信号的反作用关系，来达到自我调节、自动分配功率的目的，如图7.10所示，图中的f_s为并网点频率，ΔP_{dr}^*为调整后的功率参考值。

当频率超出设定范围，PCS对充放电功率限制以确保电网频率稳定，如式7.1所示。当PCS检测到并网点频率小于48Hz时，与电网断开；当频率大于等于48Hz且小于49.5Hz时，禁止以充电方式运行；当频率大于50.2Hz时，禁止以放电方式运行。

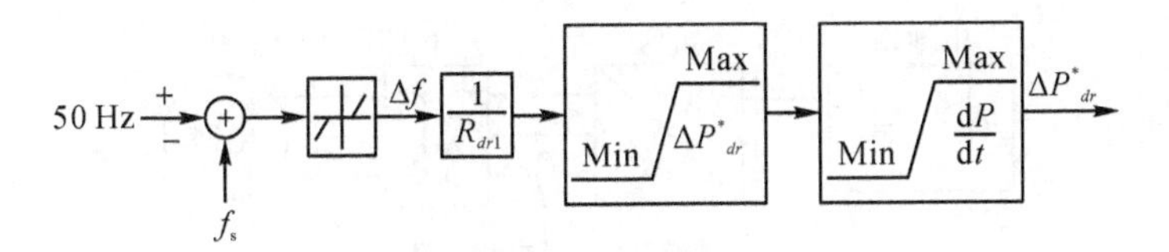

图 7.10　PCS 参与一次调频控制框图

4. AVC

AVC 是指储能电站的无功补偿设备 SVG 根据电力调度指令进行自动闭环调整,辅助电网调度,使无功/电压满足要求。[31]

电网调度通过 D5000 调控技术支持系统Ⅰ区 AVC 系统监视电网内母线电压越限及功率因数越限信息,根据设定的限值,向各分布式储能电站下发投切指令,储能电站中的 SVG 装置将按调度指令动作,提供无功支撑。

在实际运行中,储能电站根据不同季节的负荷特性,采取不同的运行模式。在夏季高峰时期,采用两充两放或一充一放运行模式参与早晚用电高峰调节,平抑高峰负荷。在春秋两个季节,储能电站根据负荷水平变化,优化调控策略,采用 AGC 模式,设定响应优先级。在国庆等特殊节假日期间,储能电站将切换成新能源跟踪模式,用于平滑镇江光伏发电功率。

(三)电站响应测试

为了对电站的调节功能进行测试,选取江苏百兆瓦级储能电站中的新坝站(额定容量 10MW/20MW · h)进行源网荷控制与 AGC 调节测试,验证储能电站在不同控制模式下的响应情况。

1. 源网荷控制测试

源网荷控制测试是通过测试储能系统的响应电网调度指令时间,来检测储能系统的响应能力。根据电网调度要求,储能电站从接到紧急控制指令到完成满功率输出时间应不大于 200ms。

(1)PCS 响应测试

在 PCS 侧用示波器监视源网荷硬接点开入及电流波形[32],测试示意图如图 7.11 所示。通过波形计算 PCS 从 100%额定功率充电状态转换到 100%额定功率放电状态的响应时间。从结果可以看出,PCS 充放电转换延迟很小,转换时间在 100ms 以内,十分迅速。

(2)源网荷响应测试

源网荷响应测试是实现调度紧急控制响应的全过程,由 EMS 和 PCS 配合实现。[33]测试时,将录波仪接入 10kV 侧的功率采集点,监测储能系统的有功功率,由于该站分 2 段 10kV 母线接入,因此将录波仪分别接入 2 段母线采集点,同时进行功率监测。

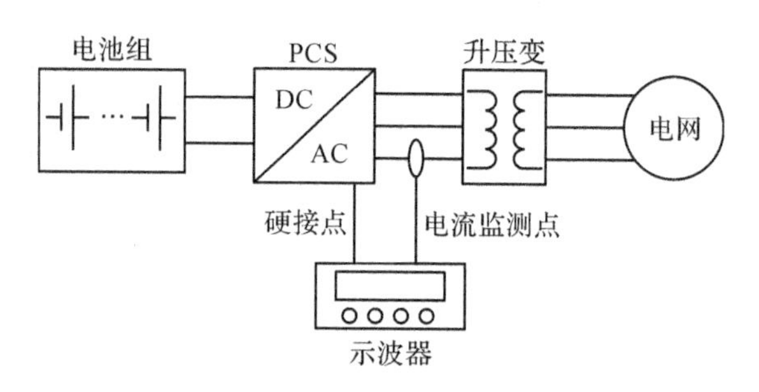

图 7.11 源网荷功能测试示意

由于2段母线的响应功率曲线基本相同，当储能电站接到调度紧急控制指令，迅速由满功率充电状态切换至满功率放电状态，持续满放状态等待 EMS 接管，EMS 接管后根据储能电池的状态将功率输出调整为 8MW，每个监测点分别调整放电功率至 4MW，直到接到恢复指令，储能电站恢复至原状态，即满功率充电状态。

在曲线中定义5个时刻分析2段10kV母线上储能系统的响应时间。储能系统接到指令从满充状态向满放状态转换的起始时刻为 t_1，达到满放状态时刻为 t_2，EMS 接管时刻为 t_3，接到恢复指令时刻为 t_4，恢复之前满充状态时刻为 t_5。从各监测点的响应情况来看，2段母线达到满功率放电状态均在 100ms 左右，满足源网荷系统的响应要求。EMS 通过综合判断系统状态，给定输出指令，大约在满功率输出后 3s 接管。EMS 接管约5分钟后，接到调度恢复指令，EMS 控制储能系统由放电状态恢复至之前的充电状态，该段时间在 2s 内完成。

2. AGC 控制测试

储能系统参与电网 AGC 调节测试，是通过将调度指令与储能系统的调节精度、响应时间以及调节时间等指标对比，来评价储能响应 AGC 指令的效果[34]，下面详细描述测试步骤。

(1)设储能系统初始有功功率为 0，逐级调节有功功率设定值至 $-0.25P_N$，$0.25P_N$，$-0.5P_N$，$0.5P_N$，$-0.75P_N$，$0.75P_N$，$-P_N$，P_N，并使各个功率点保持 30s，在储能系统并网点测量时序功率。其中，P_N 为额定功率。

(2)逐级调节有功功率设定值至 $-P_N$，$0.75P_N$，$-0.75P_N$，$0.5P_N$，$-0.5P_N$，$0.25P_N$，$-0.25P_N$，0，各个功率点保持至少 30s，在储能系统并网点测量时序功率。

(3)以每次有功功率变化后的第2个 15s 计算 15s 有功功率平均值。

(4)计算步骤(1)～(2)各点有功功率的控制精度、响应时间和调节时间。

功率设定值控制精度按式 7.2 计算：

$$\Delta P\% = \frac{P_{set} - P_{meas}}{P_{set}} \times 100\% \qquad 7.2$$

式中，P_{set} 为设定的有功功率值；P_{meas} 为实际测量每次阶跃后第2个 15s 有功功率的平均值；$\Delta P\%$ 为功率设定值控制精度。

由于储能站内接地变和升压变的功率损耗，储能系统的调节精度具有一定误差。充电时，储能系统控制目标值误差为正误差；放电时，储能系统控制目标值误差为负误差。

测试结果显示,储能系统的平均调节精度为-1.03%,调节精度处于较高水平。

响应时间是调度主站发出指令到储能电站动作到跟随指令10%的时间,储能系统响应时间最长耗时2.71s,最短耗时0.59s,平均耗时1.49s,响应较为迅速。

调节时间是储能电站跟随指令由10%到90%的时间,调节时间最长耗时2.76s,最短耗时0.65s,平均耗时1.622s,调节时间优异。

六、结语

(1)近年来储能电站已成为配电网调峰填谷、提高系统稳定性及实现需求侧管理的一种有效手段。当不同容量的储能电站接入配电网络不同的节点时,原来简单的单电源辐射网络变成了复杂得多的电源网络,给配电网的运行、控制和保护带来了困难。

(2)储能电站一般由电池、PCS(储能变流器)、BMS(电池管理系统)以及监控系统(含电网应用策略)等关键设备组成。根据电能转化形式和技术成熟性,储能电站的储能技术主要分为四类:机械储能(例如抽水储能和压缩空气储能)、电磁储能(例如超级电容器)、电化学储能(例如各类电池)、相变储能。抽水蓄能和压缩空气储能依赖于一定的地理条件,电化学储能和超级电容储能具有能量密度高、设备性能日益提升、安装条件宽泛的优点,日益成为储能电站系统的主要形态。

参考文献

[1] 杨炼,范春菊,邰能灵.考虑储能电站运行特性的配电网距离保护的整定优化策略[J].中国电机工程学报,2014(19):3123-3131.

[2] 丁明,徐宁舟,毕锐.用于平抑可再生能源功率波动的储能电站建模及评价[J].电力系统自动化,2011(2):66-72.

[3] 杨炼,范春菊,邰能灵,等.基于继电保护与改进算法的储能电站选址定容[J].电工技术学报,2015(3):53-60.

[4] Teng J, Luan S, Lee D, et al. Optimal charging/discharging scheduling of battery storage systems for distribution systems interconnected with sizeable PV generation systems[J]. IEEE Transactions on Power Systems, 2013,28(2): 1425-1433.

[5] Habeebullah S H, Arul D S. New control paradigm for integration of photovoltaic energy sources with utility network[J]. International Journal of Electrical Power & Energy Systems, 2011(1): 86-93.

[6] 王江海,邰能灵,宋凯,等.考虑继电保护动作的分布式电源在配电网中的准入容量研究[J].中国电机工程学报,2010(22):37-43.

[7] 张艳霞,代凤仙.含分布式电源配电网的馈线保护新方案[J].电力系统自动化,2009(12):71-74.

[8] 冯希科,邰能灵,宋凯,等.DG容量对配电网电流保护的影响及对策研究[J].电力系统保护与控制,2010(22):156-160,165.

[9] 徐谦,孙轶恺,刘亮东,等.储能电站功能及典型应用场景分析[J].浙江电力,2019(5):3-10.

[10] 李盼,杨晨,陈雯,文贤馗,钟晶亮,邓彤天.压缩空气储能系统动态特性及其调节系统[J].中国电机工程学报,2020(7):2295-2305,2408.

[11] Najjar Y,Jubeh N. Comparison of performance of compressed-air energy-storage plant with compressed-air storage with humidification[J]. Proceedings of the Institution of Mechanical Engineers, Part A: Journal of Power and Energy, 2006,20(6):581-588.

[12] Reinhard M,Jochen L. Economics of centralized and decentralized compressed air energy storage for enhanced grid integration of wind power[J]. Applied Energy,2013(101):299-309.

[13] Emily F,Jay A. Economics of compressed air energy storage to integrate wind power:A case study in ERCOT[J]. Energy Policy,2011,39(5): 2330-2342.

[14] 文贤馗,张世海,王锁斌.压缩空气储能技术及示范工程综述[J].应用能源技术,2018(3):43-48.

[15] 方彤,王乾坤,周原冰.电池储能技术在电力系统中的应用评价及发展建议[J].能源技术经济,2011(11):32-36.

[16] 周林,黄勇,郭珂,等.微电网储能技术研究综述[J].电力系统保护与控制,2011(7):147-152.

[17] 徐国栋,程浩忠,马紫峰,等.用于缓解电网调峰压力的储能系统规划方法综述[J].电力自动化设备,2017(8):3-11.

[18] Akhil A,Huff G,Currier A,et al. DOE/EPRI Electricity Storage Handbook in Collaboration with NRECA[R], 2015.

[19] 国家能源局.电化学储能系统接入配电网技术规定(NB/T 33015—2014)[S].2014.

[20] 国家电网公司.储能系统接入配电网技术规定(Q/GDW—2010)[S].2010.

[21] 国家电网公司.储能系统接入配电网测试规范(Q/GDW—2011)[S].2011.

[22] 国家电网公司.储能系统接入配电网监控系统功能规范(Q/GDW—2011)[S].2011.

[23] 陈彬,汤奕,鲁针针,等.储能电站并网测试技术研究与实现[J].电力系统自动化,2015(10):138-143.

[24] 刘畅,徐玉杰,胡珊,等.压缩空气储能电站技术经济性分析[J].储能科学与技术,2015(2):158-168.

[25] 吴善进,崔承刚,杨宁,等.融资租赁模式下储能电站项目的经济效益与风险分析[J].储能科学与技术,2018(6):1217-1225.

[26] 李建林,牛萌,王上行,等.江苏电网侧百兆瓦级电池储能电站运行与控制分析[J].电力系统自动化,2020(2):28-35.

[27] 李建林,王上行,袁晓冬,等.江苏电网侧电池储能电站建设运行的启示[J].电力系统自动化,2018(21):1-9,103.

[28] 冯雷,蔡泽祥,王奕,等.计及负荷储能特性的微网荷储协调联络线功率波动平抑策略[J].电力系统自动化,2017(17):22-28.

[29] 李建林,徐少华,惠东.百 MW 级储能电站用 PCS 多机并联稳定性分析及其控制策略综述[J].中国电机工程学报,2016(15):4034-4047.

[30] 廖小兵,刘开培,汪宁渤,等.含风电的交直流互联电网 AGC 两级分层模型预测控制[J].电力系统自动化,2018(8):45-50,73.

[31] 张忠,王建学,刘世民.计及网络拓扑下微电网有功调节对电压控制的适应性分析[J].电力自动化设备,2017(4):22-29.

[32] 陈丽娟,姜宇轩,汪春.改善电厂调频性能的储能策略研究和容量配置[J].电力自动化设备,2017(8):52-59.

[33] 袁晓冬,朱卫平,孙健.考虑分布式电源接入的电网源荷时序随机波动特性概率潮流计算[J].水电能源科学,2016(2):203-207.

[34] 孙冰莹,刘宗岐,杨水丽,等.补偿度实时优化的储能—火电联合AGC策略[J].电网技术,2018(2):426-436.